高等院校数字艺术精品课程系列教材

# SketchUp Pro

**慕课版**

## 建筑·室内·景观设计项目式教程

周桐 邱雷 陈梦园 主编／廖嘉 邵亮 副主编

人民邮电出版社

北京

图书在版编目（CIP）数据

SketchUp Pro建筑·室内·景观设计项目式教程：慕课版 / 周桐，邱雷，陈梦园主编. -- 北京：人民邮电出版社，2022.9
高等院校数字艺术精品课程系列教材
ISBN 978-7-115-49612-6

Ⅰ. ①S… Ⅱ. ①周… ②邱… ③陈… Ⅲ. ①建筑设计－计算机辅助设计－应用软件－高等学校－教材 Ⅳ. ①TU201.4

中国版本图书馆CIP数据核字（2021）第270500号

## 内 容 提 要

本书以任务案例为主线，详细讲解 SketchUp 软件的基本操作方法及其在室内设计、建筑设计、园林景观设计等领域的应用，具体包括 SketchUp 基础，SketchUp 文件操作及显示风格修改，SketchUp 基本工具的使用，SketchUp 高级工具的使用，SketchUp 在室内设计、建筑设计、园林景观设计中的运用，V-Ray for SketchUp 渲染，照片匹配建模，LayOut 使用方法等内容。

为了让读者能够快速掌握核心知识点及技能，同时支持翻转课堂教学模型，本书配有丰富的微课视频，读者可以扫描书中的二维码观看。同时，本书采用"任务描述""任务实施""任务评价"的结构方式编写，方便教师在教学过程中进行任务的实施及评价，符合大中专院校教学实训要求。

本书适合计算机应用技术、数字媒体设计、室内设计、建筑设计、园林景观设计等方面的从业者与大中专院校学生学习使用，也可供相关人员学习、参考。

◆ 主　编　周　桐　邱　雷　陈梦园
　　副主编　廖　嘉　邵　亮
　　责任编辑　刘　佳
　　责任印制　焦志炜

◆ 人民邮电出版社出版发行　　北京市丰台区成寿寺路 11 号
　　邮编　100164　　电子邮件　315@ptpress.com.cn
　　网址　https://www.ptpress.com.cn
　　固安县铭成印刷有限公司印刷

◆ 开本：787×1092　1/16
　　印张：14.75　　　　　　　　　　2022 年 8 月第 1 版
　　字数：375 千字　　　　　　　　2024 年 12 月河北第 6 次印刷

定价：49.80 元

读者服务热线：(010)81055256　印装质量热线：(010)81055316
反盗版热线：(010)81055315
广告经营许可证：京东市监广登字 20170147 号

# 前　言

　　本书全面贯彻党的二十大精神，以社会主义核心价值观为引领，传承中华优秀传统文化，坚定文化自信，使内容更好体现时代性、把握规律性、富于创造性。

　　SketchUp 是一款直观、灵活的三维设计软件，就像是计算机设计中的"铅笔"。它易学易用，功能强大，被誉为"草图大师"。这款软件可以从立体角度展现整个空间的布局与结构，使人能够更直观地理解空间设计方案。该软件深受用户欢迎，目前广泛应用于室内设计、建筑设计、园林景观设计等领域。

　　本书邀请了启迪设计集团股份有限公司的行业专家和具有多年本课程教学经验的一线教师共同编写。在编写过程中，根据岗位技能要求，本书引入了启迪设计集团股份有限公司的真实案例，并且建设了相关的配套资源库，用"微课""PPT"等立体化教学手段来支撑课堂的教学。除此之外，还在人民邮电出版社的人邮学院网站（www.rymooc.com）上线了"SketchUp Pro 建筑·室内·景观设计项目式教程"在线课程，供广大读者在线学习。本书采用项目式讲解的方式，并将课程思政元素融入项目案例中，力求达到"十四五"职业教育国家规划教材的要求，提高高职院校专业技能课程的教学质量。

　　本书分为 3 个模块共 10 个项目，编写结构为：模块—项目—任务—步骤。

　　**基础模块**：包括项目 1 至项目 4，主要讲解 SketchUp 的基础操作。学习本模块之后，读者能够轻松运用 SketchUp 进行模型的制作。

　　**案例模块**：包括项目 5 至项目 7，主要讲解 SketchUp 在室内设计、建筑设计及园林景观设计中的运用。通过对本模块的学习，读者可对相关设计工作的内容及流程有一个整体的认识。

　　**扩展模块**：包括项目 8 至项目 10，主要介绍 V-Ray for SketchUp 渲染方法、如何使用 SketchUp 中的照片匹配建模方法进行建模，以及配套软件 LayOut 的使用方法。

　　其中，任务拓展、项目 10 为选修内容。

　　本书配套资源包含书中所有案例的素材文件及任务案例的完成文件。另外，为方便教师教学，本书还配备了详尽的任务案例微课视频、PPT 课件、任务案例效果图、习题库等丰富的教学资源，任课教师可登录人邮教育社区网站（www.ryjiaoyu.com）免费下载使用。

　　本书的参考学时为 64 学时，各项目的参考学时参见下面的学时分配表。

| 项目 | 课程内容 | 学时分配 |
| --- | --- | --- |
| 项目 1 | SketchUp 基础 | 4 |
| 项目 2 | SketchUp 文件操作及显示风格修改 | 4 |
| 项目 3 | SketchUp 基本工具的使用 | 8 |
| 项目 4 | SketchUp 高级工具的使用 | 8 |

| 项目 | 课程内容 | 学时分配 |
|---|---|---|
| 项目 5 | SketchUp 在室内设计中的运用 | 8 |
| 项目 6 | SketchUp 在建筑设计中的运用 | 8 |
| 项目 7 | SketchUp 在园林景观设计中的运用 | 8 |
| 项目 8 | V-Ray for SketchUp 渲染 | 8 |
| 项目 9 | 照片匹配建模 | 4 |
| 项目 10 | LayOut 使用方法 | 4 |
| 学时总计 | | 64 |

本书由重庆工程职业技术学院的周桐、邱雷、陈梦园任主编，启迪设计集团股份有限公司的廖嘉和重庆工程职业技术学院的邵亮任副主编。编写分工为：周桐编写项目 6；邱雷编写项目 1、项目 2、项目 3、项目 4、项目 5；陈梦园编写项目 7、项目 8；廖嘉编写项目 9；邵亮编写项目 10。在本书的编写过程中，重庆工程职业技术学院伍小兵教授、邓荣教授、汪应教授、谢先伟教授给予了大力支持，在此深表谢意。由于编者水平有限，书中难免存在疏漏和不妥之处，敬请广大读者批评指正。

编　者
2023 年 7 月

# 目　录

**基础模块**

项目 1　SketchUp 基础 ·················································································· 2

1.1　SketchUp 简介 ···················································································· 2
    1.1.1　SketchUp 介绍 ·············································································· 2
    1.1.2　SketchUp 特点 ·············································································· 3
1.2　任务 1：SketchUp 的安装及启动 ···························································· 5
1.3　SketchUp 的工作界面 ············································································ 6
    1.3.1　菜单栏 ························································································ 6
    1.3.2　工具栏 ························································································ 6
    1.3.3　绘图区 ························································································ 7
    1.3.4　状态栏 ························································································ 7
    1.3.5　数值输入框 ·················································································· 7
    1.3.6　优化 SketchUp 工作界面 ·································································· 8
1.4　任务 2：SketchUp 基础操作 ·································································· 8
    1.4.1　子任务 1：视图操作 ········································································ 9
    1.4.2　子任务 2：对象选择 ········································································ 9
    1.4.3　子任务 3：模型信息设置 ································································· 10
1.5　项目小结及课后作业 ············································································ 11

项目 2　SketchUp 文件操作及显示风格修改 ······················································ 12

2.1　任务 1：SketchUp 文件操作 ·································································· 12
    2.1.1　子任务 1：新建文件 ······································································· 13
    2.1.2　子任务 2：保存文件 ······································································· 13
    2.1.3　子任务 3：导入文件 ······································································· 14
    2.1.4　子任务 4：导出文件 ······································································· 15
2.2　SketchUp 显示风格修改 ········································································ 17
    2.2.1　“样式”工具栏 ············································································ 17
    2.2.2　“样式”面板 ·············································································· 18
    2.2.3　“阴影”工具栏 ············································································ 20

2.2.4　任务 2：多肉植物显示风格修改 ································································ 21

2.2.5　任务拓展：植物北欧风格制作 ································································· 23

2.3　项目小结及课后作业 ·················································································· 24

# 项目 3　SketchUp 基本工具的使用 ·································································· 25

3.1　SketchUp 基本工具概述 ············································································· 25

3.2　SketchUp 模型创建工具 ············································································· 26

3.2.1　"直线"工具 ······················································································· 26

3.2.2　"矩形"工具 ······················································································· 27

3.2.3　"推/拉"工具 ····················································································· 28

3.2.4　任务 1：制作电视柜 ············································································· 29

3.2.5　任务 2：制作展示柜 ············································································· 31

3.3　SketchUp 图形绘制工具 ············································································· 33

3.3.1　"圆形"工具 ······················································································· 33

3.3.2　"多边形"工具 ··················································································· 34

3.3.3　"圆弧"工具 ······················································································· 35

3.3.4　"扇形"工具 ······················································································· 36

3.3.5　"手绘线"工具 ··················································································· 37

3.3.6　任务 3：制作门把手 ············································································· 37

3.3.7　任务拓展：制作其他造型门把手 ····························································· 39

3.4　SketchUp 编辑工具 ··················································································· 40

3.4.1　"移动"工具 ······················································································· 40

3.4.2　"旋转"工具 ······················································································· 41

3.4.3　"缩放"工具 ······················································································· 42

3.4.4　任务 4：制作百叶窗 ············································································· 43

3.4.5　任务拓展：制作窗户 ············································································· 45

3.4.6　"偏移"工具 ······················································································· 45

3.4.7　"路径跟随"工具 ················································································ 46

3.4.8　任务 5：制作书桌 ················································································ 46

3.4.9　任务拓展：制作凳子 ············································································· 49

3.5　SketchUp 辅助建模工具 ············································································· 50

3.5.1　"卷尺"工具 ······················································································· 50

3.5.2　"量角器"工具 ··················································································· 51

3.5.3　"尺寸"工具 ······················································································· 52

3.5.4　"文字"工具 ······················································································· 53

3.5.5　"轴"工具 ··························································································· 53

3.5.6　"三维文字"工具 ················································································ 54

3.5.7　任务 6：制作字母书架 ·········································································· 54

3.5.8　任务拓展：制作指示牌 ········································································· 56

3.6　项目小结及课后作业 ···································································· 57

**项目 4　SketchUp 高级工具的使用** ······················································· 59

4.1　SketchUp 高级工具概述 ····························································· 59
4.2　SketchUp 模型管理工具 ····························································· 60
　　4.2.1　"组"工具 ······································································· 60
　　4.2.2　"组件"工具 ···································································· 61
　　4.2.3　"图层"工具 ···································································· 63
4.3　SketchUp 高级建模工具 ····························································· 65
　　4.3.1　"实体"工具 ···································································· 65
　　4.3.2　任务 1：制作烟灰缸 ·························································· 67
　　4.3.3　任务拓展：制作圆形烟灰缸 ·················································· 69
　　4.3.4　"沙盒"工具 ···································································· 70
　　4.3.5　任务 2：制作地形 ···························································· 72
　　4.3.6　任务 3：制作假山 ···························································· 74
4.4　材质与贴图 ·········································································· 75
　　4.4.1　"材质"工具的使用方法 ······················································ 76
　　4.4.2　任务 4：电视柜材质贴图 ···················································· 81
　　4.4.3　任务 5：宣传栏材质贴图 ···················································· 83
　　4.4.4　任务拓展：家具组材质贴图 ·················································· 85
　　4.4.5　特殊的贴图技巧 ······························································ 86
　　4.4.6　任务 6：收纳罐材质贴图 ···················································· 86
　　4.4.7　任务拓展：装饰物材质贴图 ·················································· 88
4.5　SketchUp 场景效果制作工具 ························································· 88
　　4.5.1　"相机"工具栏 ·································································· 88
　　4.5.2　"场景"工具 ···································································· 90
　　4.5.3　"雾化"工具 ···································································· 90
4.6　项目小结及课后作业 ·································································· 91

## 案例模块

**项目 5　SketchUp 在室内设计中的运用** ···················································· 94

5.1　SketchUp 室内设计方法概述 ························································· 95
5.2　现代轻奢室内空间案例 ································································ 95
5.3　任务 1：制作墙体 ···································································· 98
5.4　任务 2：制作门窗洞及地板 ··························································· 102
　　5.4.1　子任务 1：制作门洞及窗户洞 ················································ 102
　　5.4.2　子任务 2：制作地板及门槛 ·················································· 104

5.5　任务 3：制作踢脚线及门套 ·································································· 105

5.6　任务 4：制作门窗 ·············································································· 108

　　5.6.1　子任务 1：制作子母门 ······························································ 108

　　5.6.2　子任务 2：制作阳台推拉门 ························································ 110

　　5.6.3　子任务 3：制作室内门 ······························································ 112

　　5.6.4　子任务 4：制作推拉窗及其他窗户 ·············································· 113

5.7　制作电视柜 ······················································································· 114

　　5.7.1　电视柜制作方法概述 ·································································· 114

　　5.7.2　任务 5：制作客厅电视柜 ···························································· 115

5.8　制作背景墙 ······················································································· 118

　　5.8.1　任务 6：制作沙发背景墙 ···························································· 118

　　5.8.2　任务拓展：制作床头背景墙 ························································ 120

5.9　制作其他柜子 ···················································································· 120

　　5.9.1　任务 7：制作鞋柜 ····································································· 120

　　5.9.2　任务拓展：制作酒柜 ·································································· 123

　　5.9.3　任务拓展：制作衣柜 ·································································· 124

5.10　任务 8：调整模型材质及合并素材文件 ················································· 125

5.11　任务拓展：制作其他空间 ··································································· 125

5.12　任务 9：手绘效果图后期处理 ······························································ 127

5.13　任务拓展：制作室内场景漫游动画 ······················································ 130

5.14　项目小结及课后作业 ········································································· 130

**项目 6　SketchUp 在建筑设计中的运用** ···················································· 131

6.1　任务：小型别墅设计 ··········································································· 131

　　6.1.1　子任务 1：AutoCAD 图纸整理 ···················································· 132

　　6.1.2　子任务 2：建筑框架搭建 ···························································· 134

　　6.1.3　子任务 3：细节调整 ·································································· 136

　　6.1.4　子任务 4：材质设置 ·································································· 139

　　6.1.5　子任务 5：漫游动画制作 ···························································· 140

6.2　项目小结及课后作业 ··········································································· 143

**项目 7　SketchUp 在园林景观设计中的运用** ·············································· 145

7.1　任务 1：园林 AutoCAD 图纸整理 ··························································· 146

　　7.1.1　子任务 1：AutoCAD 图纸整理 ···················································· 146

　　7.1.2　子任务 2：导入 AutoCAD 图纸并调整 ·········································· 148

7.2　任务 2：园林主体处理 ········································································· 149

　　7.2.1　子任务 1：创建景观模型框架 ······················································ 149

　　7.2.2　子任务 2：对模型进行材质贴图 ··················································· 151

7.3　任务3：园林细节处理 ·································································· 154
　　7.3.1　子任务1：组件的导入 ······················································· 154
　　7.3.2　子任务2：场景细节的刻画 ················································· 156

7.4　任务4：景观小品的布置 ······························································· 163
　　7.4.1　子任务1：凉亭组件的导入 ················································· 163
　　7.4.2　子任务2：廊道组件的导入 ················································· 166

7.5　任务5：景观植物的布置 ······························································· 167
　　7.5.1　子任务1：植物组件的导入 ················································· 167
　　7.5.2　子任务2：山石组件的导入 ················································· 169
　　7.5.3　子任务3：局部地形的调整 ················································· 170

7.6　项目小结及课后作业 ····································································· 171

# 扩展模块

**项目8　V-Ray for SketchUp 渲染** ························································· 174

8.1　V-Ray for SketchUp 渲染器 ··························································· 174
　　8.1.1　V-Ray for SketchUp 概述 ···················································· 174
　　8.1.2　V-Ray for SketchUp3.4 的安装 ··············································· 176
　　8.1.3　V-Ray3.4 功能区 ······························································· 179
　　8.1.4　V-Ray3.4 新增功能及特点 ··················································· 181

8.2　V-Ray 材质系统 ·········································································· 181
　　8.2.1　V-Ray 资源管理器的功能分区 ·············································· 181
　　8.2.2　V-Ray 材质创建流程 ·························································· 182
　　8.2.3　V-Ray 材质系统 ······························································· 184

8.3　V-Ray 灯光系统 ·········································································· 186
　　8.3.1　V-Ray 平面光 ································································· 186
　　8.3.2　V-Ray 球体光 ································································· 186
　　8.3.3　V-Ray 聚光灯 ································································· 187
　　8.3.4　V-Ray 光域网 ································································· 188
　　8.3.5　V-Ray 泛光灯 ································································· 188
　　8.3.6　V-Ray 网格灯 ································································· 189

8.4　V-Ray 渲染器设置 ······································································· 190
　　8.4.1　全局照明 ········································································ 190
　　8.4.2　渲染设置 ········································································ 190
　　8.4.3　相机设置 ········································································ 191
　　8.4.4　渲染输出 ········································································ 191

8.5　任务：新中式客厅效果图渲染 ························································· 191
　　8.5.1　子任务1：渲染前的准备和初步构图 ······································· 192
　　8.5.2　子任务2：设置材质 ··························································· 192

8.5.3　子任务 3：布置灯光 ......................................................... 201

8.5.4　子任务 4：设置出图参数并渲染 ......................................... 204

8.6　项目小结及课后作业 ..................................................................... 205

**项目 9　照片匹配建模** .......................................................................... 207

9.1　照片匹配建模方法概述 ................................................................. 207

9.2　任务 1：立方体照片匹配建模 ..................................................... 208

9.3　任务 2：建筑物照片匹配建模 ..................................................... 209

9.3.1　子任务 1：二楼整体框架制作 ......................................... 210

9.3.2　子任务 2：一楼整体框架制作 ......................................... 212

9.3.3　子任务 3：副楼制作 ......................................................... 214

9.3.4　子任务 4：细节制作 ......................................................... 215

9.4　项目小结及课后作业 ..................................................................... 218

**项目 10　LayOut 使用方法** ................................................................. 219

10.1　LayOut 概述 ................................................................................ 219

10.2　基础操作 ..................................................................................... 220

10.2.1　版面建立及界面概述 ..................................................... 220

10.2.2　工具的使用 ..................................................................... 220

10.3　工具面板 ..................................................................................... 222

10.3.1　"颜色"面板 ................................................................... 222

10.3.2　"模型"面板 ................................................................... 223

10.3.3　"剪贴簿"面板 ............................................................... 224

10.3.4　任务：在 LayOut 中对室内效果图进行排版 ............... 224

10.4　项目小结及课后作业 ................................................................... 226

基础模块

# 项目 1

# SketchUp 基础

**项目导航**

在学习 SketchUp 之前，需要先了解 SketchUp。本项目包括 SketchUp 的简介与特点、软件安装方法及工作界面介绍等内容，最后对 SketchUp 的基础操作进行详细的讲解，包括视图操作、对象选择、模型信息设置。通过对各任务的学习，读者可以快速入门 SketchUp。

**知识目标**

- 了解 SketchUp 及其应用范围。
- 了解 SketchUp 的安装方法及工作界面。
- 了解 SketchUp 的基础操作。

**技能目标**

- 掌握 SketchUp 的安装方法。
- 熟练掌握 SketchUp 的基础操作。

**素养目标**

- 了解 SketchUp 的应用范围，对设计相关的内容及流程有整体的认识，对自己的职业规划有一定的认识。

## 1.1 SketchUp 简介

### 1.1.1 SketchUp 介绍

SketchUp 是一款直观、灵活的三维设计软件，就像是计算机设计中的"铅笔"，它易学易用，功能强大，被誉为"草图大师"。它的主要特点就是使用简便，人人都可以快速上手，并且用户可以将使用 SketchUp 创建的 3D 模型直接输出至 Google Earth。SketchUp 最初由@Last Software 公司开发，2006 年 3 月 15 日被 Google 收购，图 1-1 所示为 SketchUp 软件图标。

SketchUp 分为免费版及 SketchUp Pro 版（专业版），两者的主要区别如下。

（1）使用 SketchUp Pro 版，用户可以打印或输出比屏幕分辨率高的光栅图像。

图 1-1　SketchUp 软件图标

（2）使用 SketchUp Pro 版，用户可以随意打开 DWG、DXF、3DS、OBJ、XSI、VRML、FBX 格式的文件。

（3）使用 SketchUp Pro 版，用户可以将动画或预览输出为 MOV 或 AVI 格式的视频。

（4）使用 SketchUp Pro 版，用户可以获得 Sandbox 工具及影片舞台工具。

（5）SketchUp Pro 版可用于商业，而免费版只可以用于个人。

## 1.1.2　SketchUp 特点

SketchUp 是一个展示立体空间的软件，其真实度与 3ds Max 相比存在一定差距。SketchUp 的主要作用是从立体角度展现整个空间的布局与结构，使人可以更直观地理解空间设计方案。以下为 SketchUp 的特点。

（1）界面简洁，画线成面，推拉成体，方便掌握，如图 1-2 所示。

（2）适用范围广，目前广泛应用于室内设计、城市规划设计、建筑设计、园林景观设计等领域，如图 1-3 至图 1-8 所示。

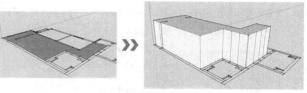

图 1-2　画线成面，推拉成体

图 1-3　室内设计

图 1-4　城市规划设计

图 1-5　建筑设计（1）

图 1-6　建筑设计（2）

图 1-7　园林景观设计（1）

图 1-8　园林景观设计（2）

（3）与 AutoCAD、3ds Max 等软件兼容，可快速导入和导出 DWG、JPG、3DS 等格式的文件，如图 1-9 和图 1-10 所示，从而实现方案构思、施工图与效果图绘制的完美结合。同时，该软件还提供 AutoCAD 和 ArchiCAD 等设计工具的插件。

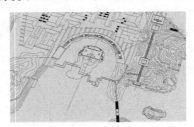

图 1-9　导入 AutoCAD 图纸

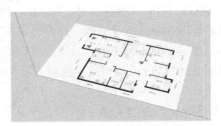

图 1-10　导入 JPG 格式的图片

（4）可以快速生成任何位置的剖面，使设计者清楚地了解建筑的内部结构，还可以随意生成二维剖面图并快速导入 AutoCAD 进行处理。

（5）自带大量门、窗、柱、家具等组件库和建筑肌理边线需要的材质库。

（6）能轻松制作方案演示动画，全方位表达设计者的创作思路，如图 1-11 所示。

（7）具有草稿、线稿、透视、渲染等不同显示模式，如图 1-12 所示。

图 1-11　制作演示动画

图 1-12　不同显示模式

（8）能准确定位阴影和日照，使设计者可以根据建筑物所在地区和时间实时进行阴影和日照分析，如图 1-13 所示。

（9）可简便地进行空间尺寸和文字的标注，并且标注部分始终面向设计者，如图 1-14 所示。

图 1-13　准确定位阴影和日照

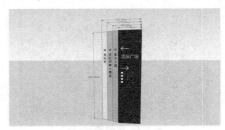

图 1-14　尺寸标注

## 1.2　任务 1：SketchUp 的安装及启动

【任务描述】

本任务主要完成 SketchUp 2015 的安装及启动。

SketchUp 的
安装及启动

【任务实施】

　　无论哪个版本的 SketchUp，在进行安装时都应选择典型安装，不建议改变安装目录。安装完成后，桌面上会出现 3 个图标：一个是 SketchUp 启动图标，一个是 LayOut 启动图标，还有一个是 Style Builder 启动图标。

　　双击 SketchUp 启动图标，即可启动 SketchUp，首先出现的是"欢迎使用 SketchUp"对话框，如图 1-15 所示，单击"开始使用 SketchUp"按钮，出现"请选择预设模板"对话框，单击"选择模板"按钮，如图 1-16 所示。选择"建筑设计-毫米"模板，取消勾选"始终在启动时显示"选项，下次启动 SketchUp 时就不会出现选择预设模板的界面了，如图 1-17 所示。单击"开始使用 SketchUp"按钮，完成软件的启动，如图 1-18 所示。

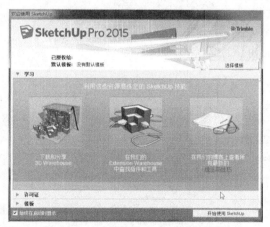

图 1-15　"欢迎使用 SketchUp"对话框

图 1-16　"请选择预设模板"对话框

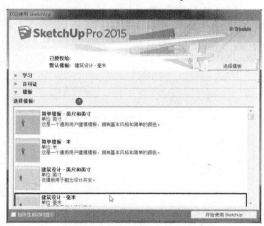

图 1-17　选择模板

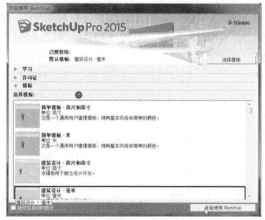

图 1-18　单击"开始使用 SketchUp"按钮

**【任务评价】**

本任务完成情况由读者评价，评价标准为：能够顺利启动 SketchUp 则任务完成。

## 1.3 SketchUp 的工作界面

SketchUp 的工作界面包括标题栏、菜单栏、工具栏、绘图区、状态栏、数值输入框。图 1-19 所示为第一次启动 SketchUp 时的工作界面。

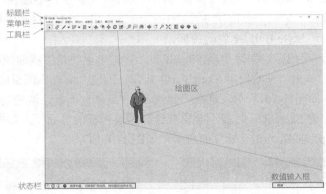

图 1-19　SketchUp 的工作界面

### 1.3.1　菜单栏

菜单栏中包括"文件""编辑""视图""相机""绘图""工具""窗口""帮助"8 个菜单，展开菜单可以看到相应的命令，如图 1-20 所示。

（1）"文件"菜单：包含与 SketchUp 文件有关的命令。

（2）"编辑"菜单：包含对模型中物体进行操作的命令。

（3）"视图"菜单：包含显示模型的相关命令。

（4）"相机"菜单：包含与视图、视点有关的命令，集中了透视与轴测的切换、观察模型和确定视角的主要命令。

（5）"绘图"菜单：包含基本绘图命令，与"绘图"工具栏中的绘图工具作用是一致的。

（6）"工具"菜单：包含所有的编辑修改命令。

（7）"窗口"菜单：包含对绘图窗口进行操作的命令。

（8）"帮助"菜单：包含"联系我们""许可证"等命令。

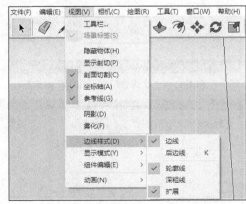

图 1-20　展开"视图"菜单

### 1.3.2　工具栏

SketchUp 在默认状态下只有"使用入门"工具栏，如图 1-21 所示，用户可以单击"视图">"工具栏",在弹出的"工具栏"对话框中通过勾选相应的选项来调出或关闭某个工具栏,如图 1-22 所示。

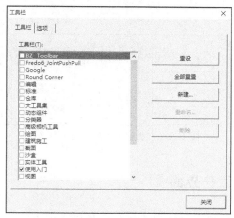

图 1-21 "使用入门"工具栏

图 1-22 "工具栏"对话框

### 1.3.3 绘图区

SketchUp 绘图区是单窗口显示,界面简洁,如图 1-23 所示。用户可以结合"视图"工具栏中的按钮进行各个视图的切换,如图 1-24 所示。

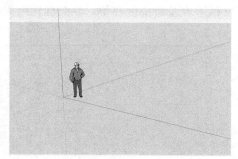

图 1-23 绘图区

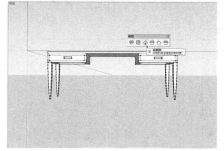

图 1-24 视图切换

### 1.3.4 状态栏

在进行操作时,SketchUp 状态栏中会显示相应的文字提示。根据这些提示,用户可以更加方便地进行操作,如图 1-25 所示。

### 1.3.5 数值输入框

在进行操作时,用户可以在数值输入框中输入"半径"

图 1-25 状态栏文字提示

"长度""角度"等数值，以便进行精确操作，如图 1-26 所示。

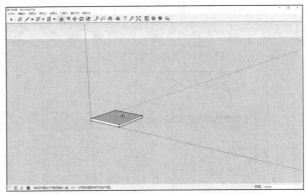

图 1-26　在数值输入框中输入数值

### 1.3.6　优化 SketchUp 工作界面

SketchUp 在默认状态下只显示"使用入门"工具栏，用户可以调出想要的工具栏，方便进行后续的模型制作。

常用工具栏包括"大工具集""样式""图层""阴影""标准""视图"。调出"工具栏"的具体方法如下：单击"视图">"工具栏"，弹出"工具栏"对话框，取消勾选"使用入门"选项，因为该工具栏会和后面调出的一些工具栏重合；勾选"大工具集""样式""图层""阴影""标准""视图"选项，如图 1-27 所示。

拖动绘图区中的浮动工具栏，让它们固定在菜单栏下方及绘图区左侧，界面优化结果如图 1-28 所示。

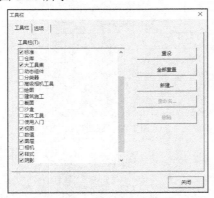

图 1-27　"工具栏"对话框

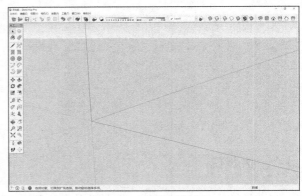

图 1-28　界面优化结果

## 1.4　任务 2：SketchUp 基础操作

**【任务描述】**

本任务主要进行 SketchUp 的基础操作，包括视图操作、对象选择、模型信息设置。

【任务实施】

通过下面的子任务了解 SketchUp 的基础操作。

## 1.4.1　子任务 1：视图操作

视图操作

SketchUp 的视图操作包括"切换视图""环绕观察""平移""缩放""缩放窗口""充满视窗""上一个"，这些操作可以在创建模型时对视图进行灵活的掌控，帮助设计者建立模型及观察细节。除了"切换视图"之外，这些操作对应的图标均分布在"相机"工具栏中，如图 1-29 所示。

### 1. 切换视图

因为 SketchUp 是单视图显示，所以在建立模型时，需要我们通过"视图"工具栏进行 6 个视图的快速切换。调出"视图"工具栏的方法为：单击"视图">"工具栏"，在弹出的对话框中勾选"视图"选项。图 1-30 所示为"视图"工具栏，单击每个图标可以切换到相应的视图。相关操作详见微课视频。

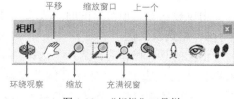
图 1-29　"相机"工具栏

### 2. 环绕观察

环绕观察可以将相机环绕模型转动，以便观察。具体操作方法为：单击图标 ，按住鼠标左键拖动，即可对视图进行旋转。其快捷操作为：按住鼠标中键拖动。

图 1-30　"视图"工具栏

### 3. 平移

平移可以对视图进行整体的平移操作，并且保持视图内的模型大小不变。具体操作方法为：单击图标 ，按住鼠标左键拖动，即可对视图进行平移操作。其快捷操作为：按住 Shift 键及鼠标中键拖动。

### 4. 缩放

缩放可以缩放相机视野，调整模型在视图中的大小。具体操作方法为：单击图标 ，按住鼠标左键拖动，即可对视图进行缩放操作。其快捷操作为：滚动鼠标中键。

### 5. 缩放窗口

缩放窗口可以缩放相机视野以显示选定区域内的所有模型。具体操作方法为：单击图标 ，按住鼠标左键，在视图中框选出一个区域，即可对这个区域进行缩放操作。

### 6. 充满视窗

充满视窗可以缩放相机视野以显示整个模型。具体操作方法为：单击图标 即完成操作。其快捷操作为：按组合键"Ctrl+Shift+E"。

### 7. 上一个

上一个可以撤销当前操作以返回上一个相机视野。具体操作方法为：单击图标 即返回上一个相机视野。

## 1.4.2　子任务 2：对象选择

SketchUp 的选择工具的图标为 ，快捷键为 Space 键。SketchUp 的对象选择操作分为：单击、双击、三击、框选及叉选。

**1．单击**

将鼠标指针放置在需要选择的对象上单击，即可选择单个对象。按住 Ctrl 键可以继续加选对象，按住 Shift 键可以减选对象，按住"Ctrl+A"组合键可以选择所有对象。

**2．双击**

将鼠标指针放置在对象的面上双击，可以将此面及与其直接相连的边线选中。将鼠标指针放置在对象的边线上双击，可以将此边线及与其直接相连的面选中。

**3．三击**

用鼠标左键三击对象的面或边线，可以将与此面或边线连接的所有对象选中。

**4．框选及叉选**

框选的具体操作为：启用"选择"工具，按住鼠标左键从左向右拉出选框，对象只有被全部框住才能被选中。叉选的具体操作为：启用"选择"工具，按住鼠标左键从右向左拉出选框，全部或者部分位于选框内的对象都会被选中。

## 1.4.3 子任务 3：模型信息设置

SketchUp 可以让用户根据自己的使用习惯进行设置，这样可以提高用户的工作效率。用户可以自己设置单位、快捷键等。

**1．设置单位**

当启动 SketchUp 后，若需要修改单位，单击"窗口" > "模型信息" > "单位"，在"模型信息"对话框中可以调整长度单位及角度单位等，如图 1-31 所示。

**2．设置快捷键**

在 SketchUp 中，用户可以自定义快捷键，以便根据自己的使用习惯进行软件操作。具体方法为：单击"窗口" > "系统设置" > "快捷方式"，在"系统设置"对话框中选择相应的选项，在右侧的"添加快捷方式"文本框中输入需要设置的快捷键，如图 1-32 所示，输入完成后，单击"+"按钮，然后单击"确定"按钮。

图 1-31 设置单位

图 1-32 设置快捷键

**【任务评价】**

本任务完成情况由读者评价，评价标准为：能否按照任务实施中的内容，灵活进行 SketchUp 的基础操作。

## 1.5　项目小结及课后作业

**项目小结**

　　本项目对 SketchUp 进行了简要介绍，包括软件简介、软件特点、启动方式、工作界面、基础操作等。通过对本项目的学习，读者可以对 SketchUp 有一个初步认识。通过对基础操作的学习，读者能够进行软件的基本操作，为后续项目的学习打下坚实的基础。

**课后作业**

　　**1. 单选题**

　　（1）SketchUp 是一款直观、灵活、易于使用的三维设计软件，就像是计算机设计中的"铅笔"，被誉为（　　）。

　　A．"绘图大师"　　　　　B．"绘图高手"　　　　C．"钢笔"　　　　D．"草图大师"

　　（2）SketchUp 最初由（　　）公司开发发布。

　　A．@Last Software　　B．Google　　　　C．Sketch Up　　D．Adobe

　　（3）SketchUp 中的"环绕观察"（可让相机环绕模型转动）的快捷键是（　　）。

　　A．在任意一个命令状态下双击鼠标中键　　　　B．按住鼠标中键

　　C．按住鼠标左键　　　　　　　　　　　　　　D．按住鼠标右键

　　（4）SketchUp 中平移视图的操作是（　　）。

　　A．Shift 键+鼠标中键　　　　　　　　B．Ctrl 键+鼠标中键

　　C．Shift+鼠标左键　　　　　　　　　　D．Shift 键+鼠标右键

　　（5）SketchUp 中"充满视窗"的组合键是（　　）。

　　A．Ctrl+Shift+I　　　B．Ctrl+E　　　　C．Ctrl+Shift+E　　D．Ctrl++

　　**2. 多选题**

　　（1）SketchUp 菜单栏中包含（　　）等菜单。

　　A．"文件"　　　　　　B．"视图"　　　　C．"绘图"　　　　D．"窗口"

　　（2）SketchUp 适用范围广，目前广泛应用于（　　）等领域。

　　A．城市规划设计　　　B．建筑设计　　　C．园林景观设计　　D．室内设计

　　（3）关于对象的选择操作，以下说法正确的是（　　）。

　　A．单击选择单个对象后，按住 Shift 键可以减选

　　B．启用"选择"工具，从左向右拉出选框，只要对象与选框接触就会被选中

　　C．三击模型的面或边线，可以将与此面或边线连接的所有对象选中

　　D．启用"选择"工具，从右向左拉出选框，对象只有被全部框住才能被选中

# 项目 2

# SketchUp 文件操作及显示风格修改

**项目导航**

　　本项目主要介绍 SketchUp 文件操作，包括新建文件、保存文件、导入文件、导出文件。然后通过对"样式"工具栏、"样式"面板及"阴影"工具栏的学习，读者可以掌握三维模型各类显示风格的修改操作，为后续项目中简单模型的制作奠定基础。

**知识目标**

- 了解 SketchUp 文件操作。
- 了解 SketchUp 的"样式"工具栏。
- 了解 SketchUp 的"样式"面板。

**技能目标**

- 熟练掌握软件的文件操作方法。
- 熟练掌握软件的模型显示风格的修改方法。

**素养目标**

- 通过本项目的内容，让读者了解文件操作的职业标准。通过案例任务的操作，培养读者的规范意识。
- 通过显示风格的修改，培养读者健康的人文素养及审美情趣。

## 2.1　任务 1：SketchUp 文件操作

**【任务描述】**

　　本任务主要进行 SketchUp 的文件操作，包括新建文件、保存文件、导入文件、导出文件。通过本任务的学习，读者可以了解文件操作的职业标准；通过案例任务的操作，培养自己的规范意识。

**【任务实施】**

按照下面的子任务进行文件操作。

## 2.1.1　子任务 1：新建文件

双击 SketchUp 的软件图标，即可启动软件并自动新建一个文件。在进行模型的制作时，若要新建一个文件，可以单击"文件"＞"新建"，或者按组合键"Ctrl+N"，如图 2-1 所示，弹出对话框，提示"是否将更改保存到无标题？"，如图 2-2 所示。选择是否保存后，即可新建一个文件。

图 2-1　通过菜单栏新建文件

图 2-2　提示对话框

## 2.1.2　子任务 2：保存文件

### 1．保存文件

在 SketchUp 中，当需要保存当前文件时，单击"文件"＞"保存"，或者按组合键"Ctrl+S"，弹出图 2-3 所示的"另存为"对话框，选择保存路径并输入文件名称。单击"保存类型"下拉按钮，则可以将当前文件保存为指定的 SketchUp 版本，如图 2-4 所示。单击"保存"按钮即可完成文件的保存。

图 2-3　"另存为"对话框

图 2-4　选择保存版本

**2．另存为其他文件**

在 SketchUp 中，当需要将当前文件另存为其他文件时，单击"文件">"另存为"，弹出"另存为"对话框，设置保存路径、文件名称、保存版本后，单击"保存"按钮即可。

### 2.1.3　子任务 3：导入文件

SketchUp 支持导入的文件类型有 AutoCAD 文件、3DS 文件、二维图像等。

**1．导入 AutoCAD 文件**

在 SketchUp 的菜单栏中单击"文件">"导入"，弹出"打开"对话框，在"文件类型"中选择"AutoCAD 文件（*.dwg，*.dxf）"选项，如图 2-5 所示。选择需要导入的素材 2-1AutoCAD 文件"CAD.dwg"，如图 2-6 所示。单击"确定"按钮，即可完成导入，如图 2-7 所示。

图 2-5　选择文件类型

图 2-6　选择需要导入的文件

**2．导入 3DS 文件**

在 SketchUp 的菜单栏中单击"文件">"导入"，弹出"打开"对话框，在"文件类型"中选择"3DS 文件（*.3ds）"选项，选择需要导入的 3DS 文件，单击"确定"按钮，即可完成导入。

**3．导入二维图像**

SketchUp 支持导入多种格式的二维图像，包括 JPEG 、PNG、TIF、TGA 等。具体操作步骤如下。

（1）单击"文件">"导入"，弹出"打开"对话框，在"文件类型"中有多种图片格式，直接选择"所有支持的图像类型"，如图 2-8 所示。

（2）选择需要导入的图片文件"素材 2-2 户型图"，在对话框的右侧选择"用作图像"单选项，如图 2-9 所示。

（3）单击"打开"按钮，然后拖动鼠标放置图片，即可将所选图片作为参考图，辅助进行 SketchUp 模型的建立，如图 2-10 所示。

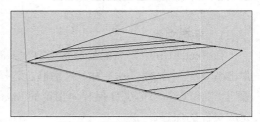

图 2-7　导入的 AutoCAD 文件

图 2-8　选择文件类型

图 2-9　选择文件

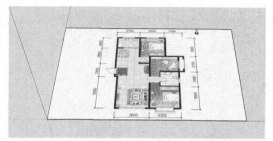

图 2-10　导入的二维图像

## 2.1.4　子任务 4：导出文件

SketchUp 可以将制作完成的三维模型导出为二维图像、其他三维文件、AutoCAD 文件。

### 1．导出为二维图像

SketchUp 可以导出 JPEG、TIF、PNG、BMP 等格式的二维图像。这里以最常见的 JPEG 格式为例，演示二维图像的导出方法。

（1）单击"文件"＞"导出"＞"二维图形"，弹出图 2-11 所示的"输出二维图形"对话框。

（2）在"输出二维图形"对话框中，选择导出路径并设置文件名称，在"输出类型"中选择"JPEG 图像（*.jpg）"。单击"选项"按钮，弹出"导出 JPG 选项"对话框，如图 2-12 所示。

图 2-11　"输出二维图形"对话框

图 2-12　设置图像参数

（3）设置图像参数后，单击"确定"按钮，再单击"输出二维图形"对话框中的"导出"按钮，即可完成二维图像的导出。

### 2．导出为其他三维文件

SketchUp 可以导出 3DS、OBJ、WRL、XSL 等格式的三维文件。这里以最常见的 3DS 格式为例，演示三维文件的导出方法。

（1）单击"文件"＞"导出"＞"三维模型"，弹出图 2-13 所示的"输出模型"对话框。

（2）在弹出的"输出模型"对话框中，选择导出路径并设置文件名称，在"输出类型"中选择"3DS 文件（*.3ds）"。单击"选项"按钮，弹出"3DS 导出选项"对话框，如图 2-14 所示。

（3）在"3DS 导出选项"对话框中设置相应的参数，单击"确定"按钮，再单击"输出模型"对话框中的"导出"按钮，SketchUp 会弹出"3DS 导出结果"对话框，如图 2-15 所示。单击"确定"按钮即可完成导出操作。

图 2-13　"输出模型"对话框

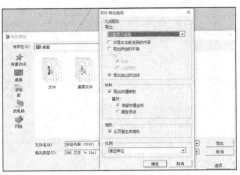

图 2-14　设置参数

### 3. 导出为 AutoCAD 文件

SketchUp 支持导出 DWG、DXF 两种格式的 AutoCAD 文件，这里以 DWG 格式为例，演示导出方法。

（1）单击"文件">"导出">"二维图形"，弹出图 2-16 所示的"输出二维图形"对话框。

图 2-15　"3DS 导出结果"对话框

图 2-16　"输出二维图形"对话框

（2）在"输出二维图形"对话框中，选择导出路径并设置文件名称，在"输出类型"中选择"AutoCAD DWG 文件（*.dwg）"。单击"选项"按钮，弹出"DWG/DXF 消隐选项"对话框，如图 2-17 所示。

（3）在"DWG/DXF 消隐选项"对话框中设置相应的参数，单击"确定"按钮，再单击"输出二维图形"对话框中的"导出"按钮，SketchUp 会弹出图 2-18 所示的对话框。单击"确定"按钮即可完成导出操作。

【任务评价】

本任务完成情况由读者评价，评价标准为：能否按照任务实施中的内容，灵活进行 SketchUp 中的基础文件操作。

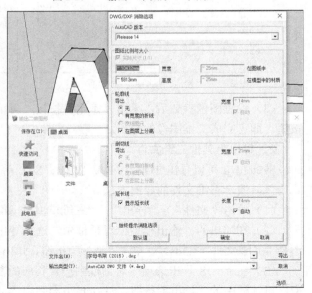

图 2-17　设置参数

图 2-18　导出成功

## 2.2　SketchUp 显示风格修改

SketchUp 有多种显示风格，用户可以根据需要进行设置，让客户能够更好地了解方案，理解自己的设计思路。本节通过对"样式"工具栏、"样式"面板及"阴影"工具栏的介绍，结合相应的任务，让读者掌握如何对三维模型的显示风格进行修改。

### 2.2.1　"样式"工具栏

SketchUp 的"样式"工具栏中包括"X 光透视模式""后边线""边框显示""消隐""阴影""材质贴图""单色显示"7 种显示风格，如图 2-19 所示。

#### 1．X 光透视模式

单击"X 光透视模式"图标，场景中模型所有的面都将变成透明状态，可以观察到模型内部结构，也可以透过模型编辑所有的边线，图 2-20 所示为"X 光透视模式"。

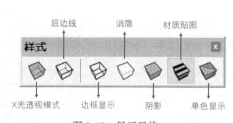

图 2-19　显示风格

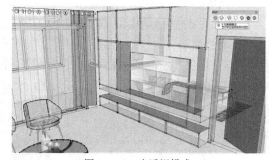

图 2-20　X 光透视模式

#### 2．后边线

单击"后边线"图标，场景中模型背部被遮挡的线将以虚线的形式显示，可以快速观察模型的结构，如图 2-21 所示。

#### 3．线框显示

单击"线框显示"图标，模型将以线条的形式显示，但此时不能观察到面，因此无法使用"推/拉"工具对模型进行操作，如图 2-22 所示。

#### 4．消隐

单击"消隐"图标，模型的反面被隐藏，模型的正面显示为场景中的背景颜色，模型贴图也会失效，如图 2-23 所示。

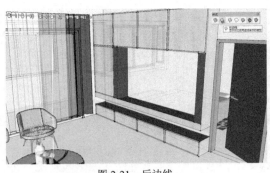

图 2-21　后边线

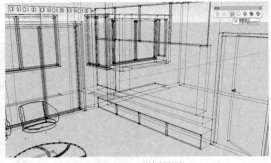

图 2-22　线框显示

**5．阴影**

单击"阴影"图标，模型的各个面将显示为其应用的材质的色彩，但此时材质贴图的纹理将失效，仅保留色调，如图 2-24 所示。

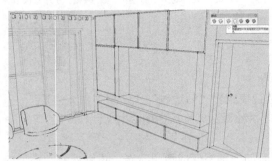

图 2-23　消隐

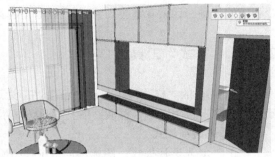

图 2-24　阴影

**6．材质贴图**

单击"材质贴图"图标，模型的各个面显示为其应用的材质的色彩和纹理，如图 2-25 所示。

**7．单色显示**

单击"单色显示"图标，场景中可见模型的各个面将以纯色显示，模型的轮廓线显示为黑色实线，它在占用较少系统资源的前提下，有十分强的空间立体感，如图 2-26 所示。

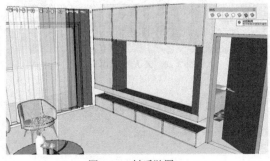

图 2-25　材质贴图

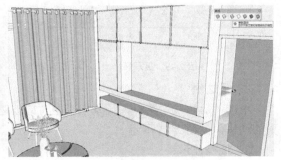

图 2-26　单色显示

## 2.2.2　"样式"面板

用户在 SketchUp 的"样式"面板中可以对线条效果、天空、地面、模型正/反颜色等细节

进行自定义设置，从而制作出独特的显示效果。"样式"面板的调出方式为：单击"窗口">
"样式"。下面将详细介绍"样式"面板中的各个选项卡及其中的功能。

1．"选择"选项卡

"选择"选项卡中有 7 个风格目录，分别是"Style Builder 竞赛获奖者""手绘边线""混合
样式""照片建模""直线""预设样式""颜色集"，如图 2-27 所示。用户可以根据自己的需要
对场景进行样式设置。

2．"编辑"选项卡

"编辑"选项卡中有 5 种不同的设置形式，包括"边线设置""平面设置""背景设置""水
印设置""建模设置"，如图 2-28 所示。

图 2-27　"选择"选项卡

图 2-28　"编辑"选项卡

（1）边线设置

第一个图标 为"边线设置"，单击图标将切换至"边线设置"面板，如图 2-29 所示。在
该面板中可以设置几何体边线及端点的显示样式，如粗细和颜色等。

（2）平面设置

第二个图标 为"平面设置"，单击图标将切换至"平面设置"面板，如图 2-30 所示。该
面板中包含了 6 种表面显示模式，可以修改模型正面及背面的颜色等。

图 2-29　边线设置

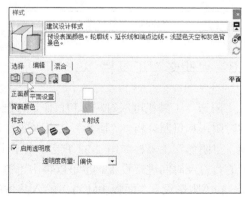

图 2-30　平面设置

（3）背景设置

第三个图标 为"背景设置"，单击图标将切换至"背景设置"面板，如图 2-31 所示。"背

景设置"面板可用于修改场景的背景颜色，制作天空和地面效果，显示地平线细节。

（4）水印设置

第四个图标 为"水印设置"，"水印设置"面板可用于在模型的周围放置二维图像，以模拟画布纹理，为模型添加标签及创造背景。

（5）建模设置

第五个图标 为"建模设置"，可以修改模型的各种显示状态。

**3．"混合"选项卡**

"混合"选项卡可以对样式进行混合，其中上方为指定混合效果的应用范围区域，下方为选定需要应用的混合效果区域，如图 2-32 所示。具体操作方法如下：首先在"混合"选项卡下方的"选择"面板中选择一种样式，选择后鼠标指针会变成吸取状态；其次在上方指定需要应用的范围，如"平面设置"，将鼠标指针放置在"平面设置"上，鼠标指针变为填充状态，单击后即可完成一个样式的混合。重复此操作可进行多个样式的混合。

图 2-31　背景设置

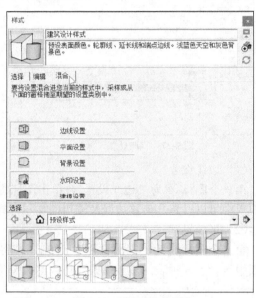

图 2-32　"混合"选项卡

## 2.2.3　"阴影"工具栏

"阴影"工具栏可以对阴影和日照进行准确定位，设计师可以根据建筑物所在地区和时间进行实时阴影和日照分析。"阴影"工具栏的打开方式为：单击"视图"＞"工具栏"，勾选"阴影"选项。"阴影"工具栏如图 2-33 所示，单击第一个图标，可以显示/隐藏阴影，移动滑块可以对场景的月份及时间进行设置。也可以单击"窗口"＞"阴影"，调出"阴影设置"面板，如图 2-34 所示。在"阴影设置"面板中还可以输入具体的日期及时间，控制场景的亮/暗程度及显示效果。

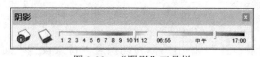

图 2-33　"阴影"工具栏

图 2-34　"阴影设置"面板

## 2.2.4　任务 2：多肉植物显示风格修改

### 【任务描述】

通过本任务读者可熟练掌握 SketchUp 显示风格修改的方法。最终效果如图 2-35 所示。

图 2-35　多肉植物显示风格修改最终效果图

### 【任务实施】

下面对其操作过程进行详细介绍。

（1）在 SketchUp 中打开"素材 2-3 多肉植物模型"，将模型调整到最终效果图中的角度。

（2）单击"窗口"＞"样式"，单击"编辑"选项卡，单击第一个图标"边线设置"，取消勾选"轮廓线""扩展""端点"这 3 个选项，如图 2-36 所示。然后单击第三个图标"背景设置"，勾选"地面"选项，将其颜色调整为灰色，如图 2-37 所示。

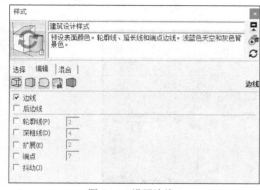

图 2-36　设置边线

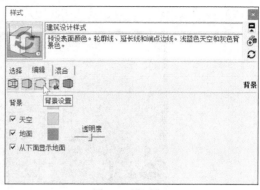

图 2-37　设置背景

（3）单击"显示阴影"图标，调整数值如图 2-38 所示。

图 2-38　设置阴影

（4）将 SketchUp 模型导出为 JPEG 图片。单击"文件">"导出">"二维图形"，选择输出格式为 JPEG 格式，然后单击"输出"按钮，即可完成图片的导出，图片效果如图 2-39 所示。

图 2-39　图片效果

（5）打开 Photoshop，输入文本"Multicapacity Process"，在图片左侧拖出矩形选区，如图 2-40 所示。

图 2-40　输入文字并拖出选区

（6）单击"渐变"工具，使用默认的黑白渐变颜色，从上往下拉出渐变颜色，效果如图 2-41 所示。将渐变填充图层的图层混合模式改为"正片叠底"，最终效果如图 2-42 所示。

（7）最后取消选区，导出为 JPEG 图片。

图 2-41　填充渐变颜色

图 2-42　修改图层混合模式

【任务评价】

本任务完成情况由教师进行评价，评价标准如下表所示。

| 类别 | 评价标准 | 分数 | 获得分数 |
|---|---|---|---|
| 技术运用（45%） | 能够调整好模型视角 | 15 | |
| | 模型样式设置准确 | 15 | |
| | 文本大小及位置合理 | 10 | |
| | 经 Photoshop 处理后的左侧渐变色块效果符合图片风格 | 5 | |
| 制作效果（50%） | 整体制作效果好 | 30 | |
| | 细节表达清楚 | 20 | |
| 提交文档（5%） | 提交的图片视角合理且清晰 | 5 | |

## 2.2.5　任务拓展：植物北欧风格制作

【任务描述】

根据所学内容，打开"素材 2-4 北欧风模型"，制作图 2-43 所示的图片。该任务拓展可以培养读者自主学习、动手实践的基本素养。

图 2-43　北欧风图片

【任务实施】

根据"任务：多肉植物显示风格修改"的操作步骤，自行探索完成本任务。

【任务评价】

本任务完成情况由小组成员互评，评价标准如下表所示。

| 类别 | 评价标准 | 分数 | 获得分数 |
|---|---|---|---|
| 技术运用（45%） | 能够调整好模型视角 | 15 | |
| | 模型样式设置准确 | 15 | |
| | 文本大小及位置合理 | 10 | |
| | 经 Photoshop 处理后的左侧色块效果符合图片风格 | 5 | |
| 制作效果（50%） | 整体制作效果好 | 30 | |
| | 细节表达清楚 | 20 | |
| 提交文档（5%） | 提交的图片视角合理且清晰 | 5 | |

## 2.3 项目小结及课后作业

**项目小结**

　　本项目主要介绍 SketchUp 的文件操作方法，以及"样式"工具栏、"样式"面板、"阴影"工具栏。通过本项目的学习，读者能够进行 SketchUp 的文件操作及三维模型的各种显示效果的设置，从而方便后续项目的学习。

**课后作业**

　　**1. 单选题**

　　（1）关于从 SketchUp 中导出 JPEG 图片的方法，以下说法正确的是（　　）。

　　A. 选择菜单栏中的文件，导出图形，选择 JPEG 格式

　　B. 选择菜单栏中的文件，导出二维图形，选择 JPEG 格式，单击输出

　　C. 选择菜单栏中的文件，导出图形，选择 JPEG 格式，单击输出

　　D. 选择菜单栏中的文件，导出二维图形，选择 JPEG 格式

　　（2）SketchUp 的"样式"工具栏中共有（　　）种显示模式。

　　A. 4　　　　　　　B. 5　　　　　　　C. 6　　　　　　　D. 7

　　（3）SketchUp 中新建文件的组合键是（　　）。

　　A. Ctrl+A　　　　B. Ctrl+S　　　　C. Ctrl+N　　　　D. Ctrl+C

　　（4）SketchUp 中保存文件的组合键是（　　）。

　　A. Ctrl+A　　　　B. Ctrl+S　　　　C. Ctrl+N　　　　D. Ctrl+C

　　**2. 多选题**

　　（1）SketchUp 与 AutoCAD、3ds Max 等软件兼容，可快速导入和导出（　　）等格式的文件，实现方案构思、施工图与效果图绘制的完美结合。

　　A. DWG　　　　　B. JPG　　　　　C. PS　　　　　D. 3DS

　　（2）"编辑"选项卡中包括的设置形式有（　　）。

　　A. 边线设置　　　　B. 平面设置　　　C. 背景设置　　　D. 水印设置

　　（3）SketchUp 的"样式"工具栏中包括的显示风格有（　　）。

　　A. X光透视模式　　B. 双色模式　　　C. 材质贴图　　　D. 消隐

# 项目 3

# SketchUp 基本工具的使用

**项目导航**

本项目将对 SketchUp 基本工具的使用方法进行详细的讲解，SketchUp 的基本工具包括模型创建工具、图形绘制工具、编辑工具、辅助建模工具。"项目—任务—步骤"式的学习方式，可让读者快速掌握 SketchUp 基本工具的使用方法，并使用这些工具建立一些较为基础的三维模型，为后续复杂模型的制作打下坚实的基础。

**知识目标**

- 了解 SketchUp 的模型创建工具。
- 了解 SketchUp 的图形绘制工具。
- 了解 SketchUp 的编辑工具。
- 了解 SketchUp 的辅助建模工具。

**技能目标**

- 掌握软件基础工具的操作方法。
- 熟练使用这些基础工具制作模型。

**素养目标**

- 本项目通过微课视频，培养读者信息化工具的使用意识。
- 本项目中有多个任务，旨在培养读者动手实践的能力；本项目结合多个拓展任务，让读者具备自主学习、勤于思考的基本素养。

## 3.1 SketchUp 基本工具概述

SketchUp 中的基本工具如下。

（1）模型创建工具："直线"工具、"矩形"工具、"推/拉"工具。

（2）图形绘制工具："圆形"工具、"多边形"工具、"圆弧"工具、"扇形"工具、"手绘线"工具。

（3）编辑工具："移动"工具、"旋转"工具、"缩放"工具、"偏移"工具、"路径跟随"工具。

（4）辅助建模工具："卷尺"工具、"量角器"工具、"尺寸"工具、"文字"工具、"轴"工具、"三维文字"工具。

这些工具位于 SketchUp 工具栏中，具体位置如图 3-1 所示。用户用这些 SketchUp 基本工具可以快速进行建筑、室内、景观设计等图形的绘制及基本模型的建立。

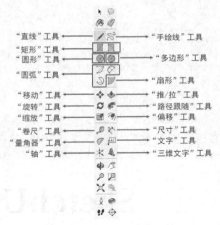

图 3-1　SketchUp 基本工具

## 3.2　SketchUp 模型创建工具

SketchUp 中最常用的模型创建工具是"直线"工具、"矩形"工具和"推/拉"工具。

### 3.2.1　"直线"工具

"直线"工具

"直线"工具可以绘制直线段，多段直线组成的封闭图形还可以分割平面，或实现补面。"直线"工具的快捷键为 L 键。

**1．直线的鼠标绘制方法**

（1）单击"直线"工具图标 ✎，然后单击确定起点，如图 3-2 所示。

（2）使鼠标指针沿着线段目标方向移动，单击完成目标线段的绘制，如图 3-3 所示。

（3）继续绘制直线段，最后可以形成封闭的图形，如图 3-4 所示。

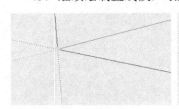
图 3-2　确定起点

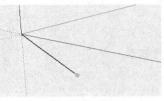
图 3-3　绘制线段

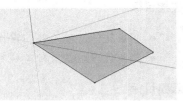
图 3-4　绘制封闭图形

**2．直线的数值输入绘制方法**

（1）单击"直线"工具图标 ✎，然后单击确定起点，如图 3-5 所示。

（2）使鼠标指针沿着线段目标方向移动，然后在"数值"输入框中直接输入线段的长度值，按回车键确定（按 Esc 键取消绘制），即可完成精确数值的目标线段绘制，如图 3-6 所示。

**3．"直线"工具的捕捉和追踪功能**

"直线"工具在使用时，具有自动捕捉及追踪的功能，在进行直线绘制时可以提高效率及准确度。

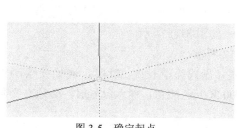

图 3-5　确定起点

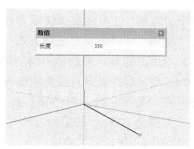

图 3-6　输入数值以实现精确绘制

（1）捕捉功能是指可以自动捕捉、定位特殊的点及轴线等。具体位置包括：①端点，②中点，③边线，④平面，⑤蓝色轴线，⑥绿色轴线，⑦红色轴线，如图 3-7 所示。

（2）追踪功能是指将鼠标指针放到直线段的端点和中点时，在水平或者垂直方向移动鼠标指针可以进行追踪，从而绘制一条与之平行的线段，如图 3-8 和图 3-9 所示。

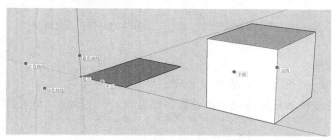

图 3-7　"直线"工具的捕捉功能

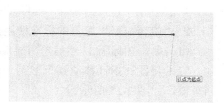

图 3-8　追踪起点

**4．用"直线"工具等分线段**

方法一：选中直线段>单击鼠标右键>选择"拆分"选项>移动鼠标指针进行等分。

方法二：选中直线段>单击鼠标右键>选择"拆分"选项>输入等分的数值>按回车键，如图 3-10 所示。

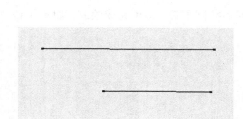

图 3-9　绘制平行直线段

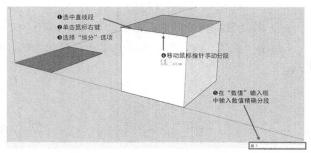

图 3-10　用"直线"工具等分线段

## 3.2.2　"矩形"工具

"矩形"工具

SketchUp 中的"矩形"工具可以用来绘制方形面片。"矩形"工具的快捷键为 R 键，工具栏中有两个"矩形"工具图标：①左侧图标 ▨ 为"矩形"，即根据起始角点和终止角点绘制矩形平面，②右侧图标 ▨ 为"旋转矩形"，即根据三个角画矩形平面。

两个"矩形"工具的具体使用方法如下。

**1. "矩形"工具的标准使用方法**

（1）单击图标 ▨，然后单击绘制第一个角点，如图 3-11 所示。

（2）移动鼠标指针到目标角点位置，如图 3-12 所示。

（3）在"数值"输入框中输入长和宽的数值（形式为"长度,宽度"，例如要绘制长度为 200mm、宽度为 300mm 的矩形，输入数值为"200,300"。注意，输入逗号时，必须在半角状态下），最后按回车键，即可完成绘制，如图 3-13 所示。

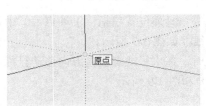
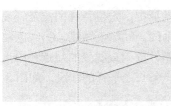
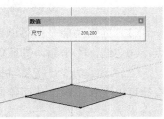

图 3-11　绘制第一个角点　　　　图 3-12　移动鼠标指针到　　　　图 3-13　输入数值精确
　　　　　　　　　　　　　　　　　　　　目标角点位置

**2. "旋转矩形"工具的标准使用方法**

（1）单击图标 ▨，然后单击绘制第一个角点，如图 3-14 所示。

（2）将鼠标指针移动到矩形第一条边线的目标方向，通过数字键盘输入长度数值，然后按回车键，如图 3-15 所示。

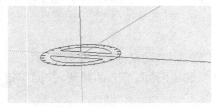
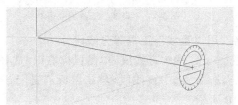

图 3-14　绘制第一个角点　　　　　　　　　图 3-15　确定矩形的第一条边线

（3）移动鼠标指针到对应象限，如图 3-16 所示。

（4）在"数值"输入框中输入长度和宽度的数值，然后按回车键，即可完成绘制，如图 3-17 所示。

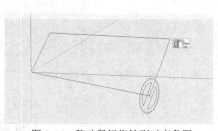
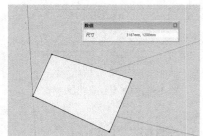

图 3-16　移动鼠标指针到对应象限　　　　　图 3-17　输入数值完成绘制

### 3.2.3　"推/拉"工具

"推/拉"工具是 SketchUp 中最常用且最具特色的一个工具，可以方便地把二维平面推拉成三维几何体。"推/拉"工具的快捷键为 P 键。

1．"推/拉"工具的使用方法

（1）单击图标 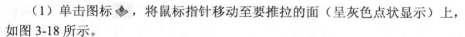，将鼠标指针移动至要推拉的面（呈灰色点状显示）上，如图 3-18 所示。

（2）按住鼠标左键移动，推拉出厚度，如图 3-19 所示。

（3）如果要精确推拉，则在"数值"输入框中输入推拉距离，然后按回车键，即可完成精确推拉，如图 3-20 所示。

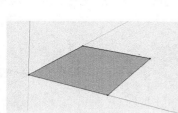
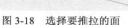

图 3-18　选择要推拉的面

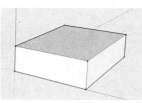

图 3-19　进行推拉

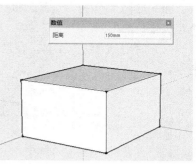

图 3-20　精确推拉

2．"推/拉"工具的使用技巧（操作步骤详见微课视频）

（1）在应用了"推/拉"工具后，接着双击其他面可直接应用上次的推拉参数。

（2）使用"推/拉"工具时，按住 Ctrl 键可移动复制选定的面。

（3）双击制作镂空的效果：推拉时，鼠标指针会捕捉到背面，双击即可制作镂空效果。

## 3.2.4　任务 1：制作电视柜

制作电视柜

【任务描述】

本任务使用"直线"工具、"矩形"工具、"推/拉"工具，按照生活中的实际尺寸对电视柜进行标准化制作。通过本任务的操作读者可初步掌握家具的制作方法，培养自己的职业标准和规范意识。最终效果如图 3-21 所示（任务操作过程详见微课视频）。

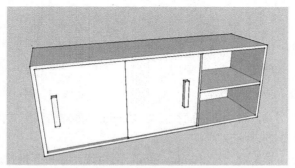

图 3-21　电视柜完成效果图

【任务实施】

下面对其操作过程进行详细介绍。

（1）打开 SketchUp，选择"建筑–毫米"模板。启用"矩形"工具，在"数值"输入框中输入"1600,460"，按回车键。启用"推/拉"工具，推拉高度为 600mm。

（2）启用"偏移"工具，在正面偏移 20mm。按空格键切换至"选择"工具，选择偏移后生成的上方线段，单击鼠标右键，选择"拆分"选项，在"数值"输入框中输入 3，将线段拆分为 3 段。

（3）启用"直线"工具，捕捉生成的端点来绘制直线段，这里需要捕捉蓝色轴线，如图 3-22 所示。

（4）启用"推/拉"工具，将第一个面往里推 20mm，第二个面往里推 10mm，就生成了一个可以推拉的柜门。

（5）启用"直线"工具，在最右侧的柜门上画一条距离左侧边线 10mm 的竖线，如图 3-23 所示。

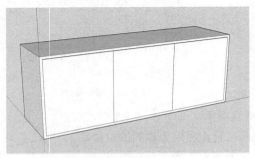

图 3-22　绘制垂直线段

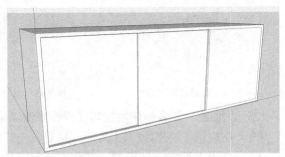

图 3-23　绘制竖线

（6）捕捉上一步所画竖线的中点，画一条与红色轴线平行的线。然后在距该线段上方及下方 10mm 处各画一条线段，如图 3-24 所示。

（7）删除中间的线段，如图 3-25 所示。

图 3-24　在上方及下方分别绘制线段

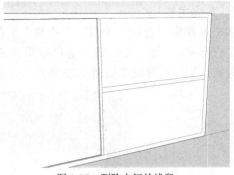

图 3-25　删除中间的线段

（8）启用"推/拉"工具，将上方的面往里推 400mm，再双击其下方的面，这样柜子的整体造型即制作完成，如图 3-26 所示。

（9）制作把手部分，先绘制一个 30mm×30mm 的矩形，再将其推拉出 200mm 的厚度。全选把手部分，单击鼠标右键，选择"创建成群组"选项。

（10）单击"X 光透视模式"图标，启用"移动"工具，将把手垂直边线的中点对齐到第一个柜门竖直线的中点，如图 3-27 所示。

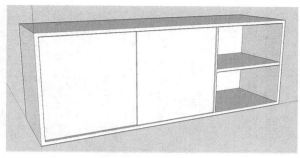

图 3-26　柜子整体造型

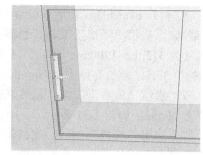

图 3-27　对齐把手

（11）锁定红色轴线，将把手往右移动一段距离，如图 3-28 所示。

（12）使用"移动"工具，同时按住 Ctrl 键，移动复制一个把手到第二个柜门处，使用相同的方法将把手的竖直边线中点与柜门的竖直边线中点对齐，再将其移动到合适位置，最后退出"X 光透视模式"，最终效果如图 3-29 所示。

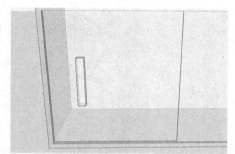

图 3-28　移动把手

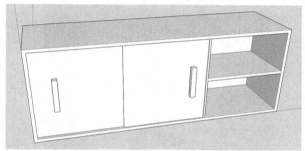

图 3-29　最终效果图

【任务评价】

本任务完成情况由教师进行评价，评价标准如下表所示。

| 类别 | 评价标准 | 分数 | 获得分数 |
|---|---|---|---|
| 技术运用（55%） | 能够运用所学知识制作出模型 | 30 | |
| | 制作过程中能按照模型尺寸要求，进行标准化建模 | 25 | |
| 制作效果（40%） | 整体制作效果好 | 20 | |
| | 模型比例符合任务标准，且柜门把手位置准确 | 10 | |
| | 细节表达清楚 | 10 | |
| 提交文档（5%） | 提交的图片视角合理且清晰 | 5 | |

## 3.2.5　任务 2：制作展示柜

【任务描述】

按照图 3-30 所示的效果进行展示柜的制作，制作模板为"建筑–毫米"，按照生活中展示柜的实际尺寸进行制作。

【任务实施】

下面对其操作过程进行详细介绍。

（1）打开 SketchUp，使用模板为"建筑–毫米"。启用"矩形"工具，绘制一个尺寸为 315mm×1200mm 的矩形。启用"推/拉"工具，推拉高度为 2000mm。

（2）启用"偏移"工具，偏移表面距离为 20mm，如图 3-31 所示。

（3）启用"选择"工具，选择偏移得到的最左侧直线，单击鼠标右键，选择"拆分"选项，将其拆分为 3 等分。

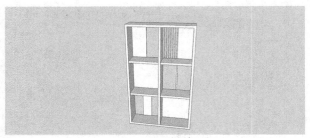

图 3-30　展示柜完成图

（4）启用"直线"工具，捕捉得到的端点并绘制一条水平直线段。再捕捉上方直线段的中点，绘制一条垂直直线段，效果如图 3-32 所示。

（5）启用"偏移"工具，选择左上角的面，偏移距离为 20mm。之后双击其他 5 个面。

（6）删除多余的线段，得到图 3-33 所示的效果。

图 3-31　偏移表面　　　　图 3-32　绘制一条垂直直线段　　　　图 3-33　删除多余的线段

（7）启用"直线"工具，补充画出其他线段，启用"推/拉"工具，推拉中间镂空的面，如图 3-34 所示。

（8）启用"推/拉"工具，将中间 4 块隔板向里推 15mm，如图 3-35 所示。

（9）启用"直线"工具，捕捉左上角隔板背面边线的中点，绘制一条垂直的直线段。选择左边的面，单击鼠标右键，选择"反转平面"选项，将平面反转到正面，之后按住 Ctrl 键用"推/拉"工具将其向柜子内推 15mm。再选择旁边的面，并将其删除，制作出背板，如图 3-36 所示。

 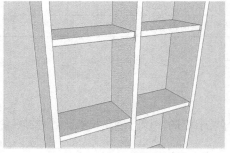 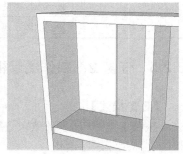

图 3-34　推拉中间镂空的面　　　　图 3-35　推拉隔板　　　　图 3-36　制作背板

（10）使用相同的方法为右边隔板制作出背板后，选择背板左侧下方的直线段，单击鼠标右键，将其拆分为 14 等分。启用"直线"工具，绘制垂直线段。启用"推/拉"工具，制作镂空效果，如图 3-37 所示。

（11）制作中间两个储物格，如图 3-38 所示。

（12）制作下方两个储物格，选择左侧储物格背板的下边线，将其拆分为 3 等分，使用上述方法制作隔板。右侧储物格背后不做处理，如图 3-39 所示。

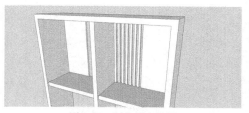

图 3-37　制作镂空效果

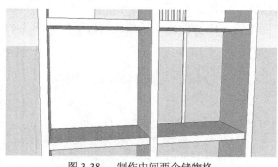

图 3-38　制作中间两个储物格

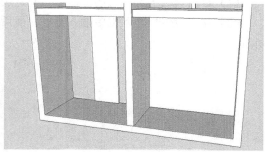

图 3-39　制作下方两个储物格

**【任务评价】**

本任务完成情况由教师进行评价，评价标准如下表所示。

| 类别 | 评价标准 | 分数 | 获得分数 |
| --- | --- | --- | --- |
| 技术运用（55%） | 能够运用所学知识制作出模型 | 30 | |
| | 制作过程中能按照模型尺寸要求，进行标准化建模 | 25 | |
| 制作效果（40%） | 模型最终比例符合标准模型的要求，且整体制作效果好 | 20 | |
| | 每个储物格背板细节表达清楚 | 20 | |
| 提交文档（5%） | 提交的图片视角合理且清晰 | 5 | |

## 3.3　SketchUp 图形绘制工具

SketchUp 中的图形绘制工具包括"圆形"工具、"多边形"工具、"圆弧"工具、"扇形"工具和"手绘线"工具。

### 3.3.1　"圆形"工具

SketchUp 中的"圆形"工具图标为 ◉，它将根据中心点和半径绘制圆。"圆形"工具的快捷键是 C 键。

"圆形"工具

**1．圆形的鼠标绘制方法**

（1）单击"圆形"工具图标 ◉，单击确定圆心位置，如图 3-40 所示。

（2）拖动鼠标指针确定半径大小，单击即可完成绘制，如图 3-41 所示。

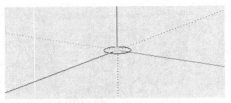

图 3-40　确定圆心

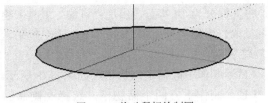

图 3-41　拖动鼠标绘制圆

**2．圆形的数值输入绘制方法**

（1）单击"圆形"工具图标，单击确定圆心位置，如图 3-42 所示。

（2）在"数值"输入框中输入半径，然后按回车键，即可创建半径精确的圆形，如图 3-43 所示。

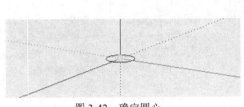

图 3-42　确定圆心

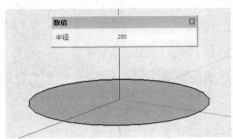

图 3-43　输入半径完成精确绘制

**3．"圆形"工具改变边数的方法**

"圆形"工具绘制的圆是由若干首尾相接的线段组成的，圆边数默认为 24 边。可以改变它的边数，圆的边数的设置形式为：$Xs$（$X$ 为具体数值）。具体操作如下。

（1）单击"圆形"工具图标，单击确定圆心位置，如图 3-44 所示。

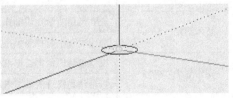

图 3-44　确定圆心

（2）在"数值"输入框中输入"12s"，然后按回车键，即可改变边数，如图 3-45 所示。

（3）在"数值"输入框中输入半径，然后按回车键，即可完成绘制，如图 3-46 所示。

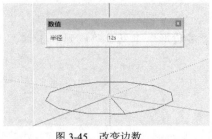

图 3-45　改变边数

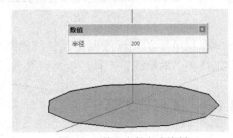

图 3-46　输入半径完成绘制

## 3.3.2　"多边形"工具

SketchUp 中的"多边形"工具图标为 ，表示根据中心点和半径绘制 $N$ 边形。多边形的边数的设置形式为：Xs（X 为具体数值）。"多边形"工具改变多边形边数的方法和"圆形"工具一样。接下来以八边形为例，讲解"多边形"工具的使用方法。

"多边形"工具

（1）单击"多边形"工具图标 ◉，单击确定中心位置，如图 3-47 所示。

（2）在"数值"输入框中输入"8s"，然后按回车键，确定边数，如图 3-48 所示。

（3）在"数值"输入框中输入半径，然后按回车键，完成多边形的绘制，如图 3-49 所示。

图 3-47　确定中心

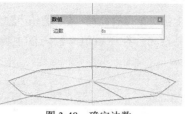
图 3-48　确定边数

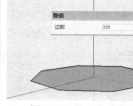
图 3-49　输入半径完成绘制

### 3.3.3　"圆弧"工具

SketchUp 中的"圆弧"工具快捷键为 A 键，工具栏中的"圆弧"工具共有3 个图标，第一个图标为 ◜，表示根据中心和两点绘制圆弧；第二个图标为 ◔，表示根据起点、终点和凸起部分绘制圆弧；第三个图标为 ◝，表示根据圆弧上的 3 点画出圆弧。具体绘制方法如下。

"圆弧"工具

**1．使用图标 ◜ 根据中心和两点绘制圆弧**

（1）单击图标 ◜，单击确定圆弧中心点，如图 3-50 所示。

（2）在"数值"输入框中输入半径，如图 3-51 所示。

（3）拖动鼠标指针确定圆弧方向，在"数值"输入框中输入角度值，然后按回车键，即可完成圆弧的绘制，如图 3-52 所示。

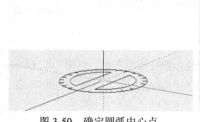
图 3-50　确定圆弧中心点

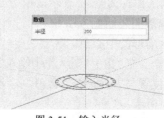
图 3-51　输入半径

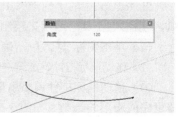
图 3-52　输入角度值完成绘制

**2．使用图标 ◔ 根据起点、终点和凸起部分绘制圆弧**

（1）单击图标 ◔，单击确定圆弧的起点，移动鼠标指针至圆弧的终点位置并单击，如图 3-53 所示。

（2）移动鼠标指针确定圆弧方向，再在"数值"输入框中输入弧高值，然后按回车键，即可完成绘制，如图 3-54 所示。

**3．使用图标 ◝ 根据圆弧上的 3 点画出圆弧**

（1）单击图标 ◝，单击确定圆弧的起点。

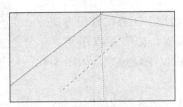
图 3-53 确定圆弧起点和终点

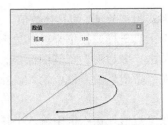
图 3-54 输入弧高值完成绘制

（2）移动鼠标指针确定圆弧上第二个点的位置，在"数值"输入框中输入长度值，如图 3-55 所示。

（3）移动鼠标指针调整圆弧方向，在"数值"输入框中输入角度值，然后按回车键，即可完成圆弧的绘制，如图 3-56 所示。

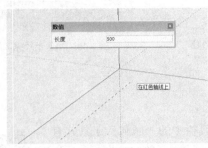
图 3-55 确定圆弧上的第二个点

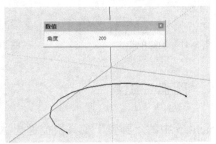
图 3-56 输入角度值完成绘制

**4．"圆弧"工具的其他操作技巧**

（1）"圆弧"工具也可以改变边数，边数的设置形式为：Xs（X 为具体数值）。具体修改方法同"圆形"工具一样。

（2）在绘制圆弧时，若出现青色高亮显示的弧线表示两圆弧相切，相关操作详见微课视频。

### 3.3.4 "扇形"工具

"扇形"工具

SketchUp 中的"扇形"工具的图标为 ▨，表示根据中心和两点绘制封闭圆弧。"扇形"工具一般用来绘制扇形面，绘制方法如下。

（1）单击图标 ▨，单击确定扇形的中心点。

（2）移动鼠标指针确定第二个点，在"数值"输入框中输入半径，然后按回车键，如图 3-57 所示。

（3）移动鼠标指针调整扇形位置与方向，在"数值"输入框中输入角度值，然后按回车键，即可完成扇形的绘制，如图 3-58 所示。

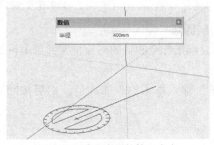
图 3-57 确定扇形的第二个点

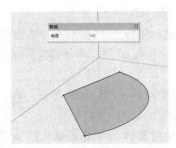
图 3-58 输入角度值完成绘制

### 3.3.5 "手绘线"工具

SketchUp 中的"手绘线"工具的图标为 ，表示单击并拖动点来手绘线条。"手绘线"工具一般用来画石头、池塘、山体。

### 3.3.6 任务 3：制作门把手

#### 【任务描述】

通过本任务读者可熟练掌握使用"圆形""多边形"等工具制作家具的方法。最终效果如图 3-59 所示（任务操作过程详见微课视频）。

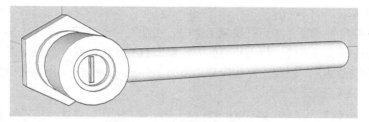

图 3-59　门把手模型完成效果图

#### 【任务实施】

下面对其操作过程进行详细介绍。

（1）打开 SketchUp，使用"建筑-毫米"模板。启用"多边形"工具，捕捉到原点，并单击。

（2）因为需要绘制一个与绿色轴线垂直的多边形，所以需要将视角移动到图 3-60 所示的视角。

（3）修改边数。在"数值"输入框中输入"8s"，然后按回车键。输入半径"30"，按回车键，多边形即绘制完成，效果如图 3-61 所示。

（4）启用"推/拉"工具，将多边形向内推 12mm。启用"圆形"工具，捕捉多边形中点绘制一个圆形，半径为 20mm。再启用"推/拉"工具，将圆形向外拉 5mm，如图 3-62 所示。

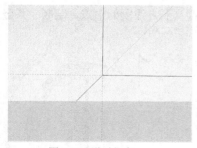
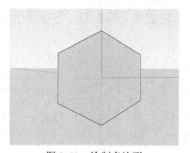
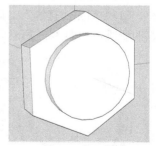

图 3-60　移动视角　　　　　图 3-61　绘制多边形　　　　　图 3-62　制作第一个圆柱

（5）启用"偏移"工具，将圆形偏移 8mm，然后启用"推/拉"工具，将圆形向外拉 17mm，如图 3-63 所示。

（6）启用"偏移"工具将圆形向外偏移，并捕捉第一个圆柱的边线，让偏移后的圆形与之对齐。之后启用"推/拉"工具，将圆形推拉成体，推拉距离为 32mm，效果如图 3-64 所示。

（7）选择圆柱内部的面，将其向外拉 30mm，并启用"偏移"工具，向里偏移 3mm。之后启用"推/拉"工具，将其向里推 4mm，如图 3-65 所示。

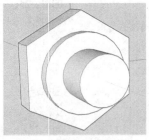
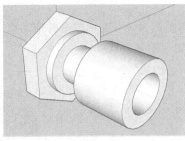
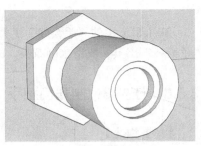

图 3-63  制作第二个圆柱       图 3-64  制作锁头整体部分       图 3-65  制作锁头内部

（8）启用"直线"工具，捕捉最里面圆形的最上方端点及最下方端点，绘制一条竖直的线段，如图 3-66 所示。

（9）启用"卷尺"工具，在竖直线段上单击，在往左移动的同时输入 1.5mm，最后按回车键，左侧的辅助线即绘制完成。使用相同的方法绘制右侧的辅助线，效果如图 3-67 所示。

（10）使用相同的方法，绘制距离线段顶点下方 1.5mm 的辅助点，距离线段顶点上方 1.5mm 的辅助点，如图 3-68 所示。

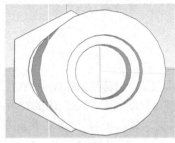
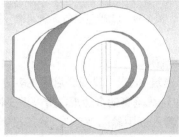
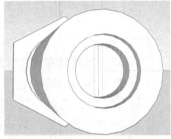

图 3-66  绘制竖直线段       图 3-67  绘制辅助线       图 3-68  绘制辅助点

（11）启用"直线"工具，根据辅助线及辅助点，在中间绘制矩形，效果如图 3-69 所示。

（12）删除多余的辅助线、线段及点，启用"推/拉"工具，向里推 1.5mm，如图 3-70 所示。

（13）启用"直线"工具，捕捉最里面矩形上方线段的中点及下方线段的中点，绘制一条竖直的线段，如图 3-71 所示。

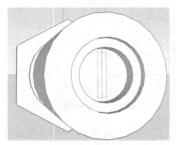
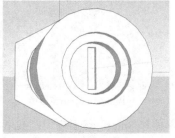

图 3-69  绘制中间的矩形       图 3-70  向里推 1.5mm       图 3-71  绘制一条竖直的线段

（14）在竖直线段下方端点处，往右捕捉绘制 0.3mm 的线段，往左捕捉绘制 0.3mm 的线段。之后捕捉生成线段的端点，分别绘制两根垂直线段，如图 3-72 所示。

（15）删除中间的线段，启用"推/拉"工具，向里推 20mm，钥匙孔即制作完成，效果如图 3-73 所示。

（16）制作门把手部分，先绘制辅助线。启用"直线"工具，捕捉圆形最中间的端点，绘制辅助线。之后在圆柱上捕捉辅助线端点，绘制一条与绿色轴线平行的线段，如图 3-74 所示。最后捕捉第二条辅助线的中点，绘制一条与红色轴线平行且长度为 175mm 的线段，如图 3-75 所示。

图 3-72　绘制左右两条竖直线段

图 3-73　制作钥匙孔

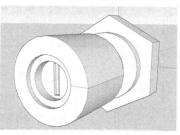

图 3-74　绘制一条与绿色轴线
平行的辅助线

（17）启用"圆形"工具，转动到合适的视角，捕捉第三条辅助线右侧端点，绘制一个与红色轴线垂直的圆形，设置半径为 10mm，然后按回车键，如图 3-76 所示。

（18）启用"推/拉"工具，推拉至终点位置，再删除多余线段，最终效果如图 3-77 所示。

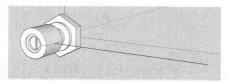

图 3-75　绘制一条与红色轴线平行的辅助线

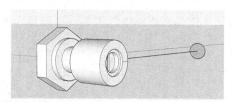

图 3-76　绘制与红色轴线垂直的圆形

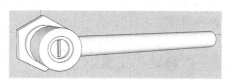

图 3-77　最终效果图

【任务评价】

本任务完成情况由教师进行评价，评价标准如下表所示。

| 类别 | 评价标准 | 分数 | 获得分数 |
| --- | --- | --- | --- |
| 技术运用（55%） | 能够运用所学知识制作出模型 | 30 | |
| | 制作过程中能按照模型尺寸要求，进行标准化建模 | 25 | |
| 制作效果（40%） | 模型最终符合标准模型的要求，且整体制作效果好 | 20 | |
| | 模型精细，钥匙孔部分的细节表达清楚 | 20 | |
| 提交文档（5%） | 提交的图片视角合理，门把手应为水平状态，并且图片清晰 | 5 | |

### 3.3.7　任务拓展：制作其他造型门把手

【任务描述】

按照图 3-78 所示的效果图，制作门把手。本任务旨在培养读者自主学习、动手实践的基本素养。

**【任务实施】**

完成"任务 3：制作门把手"后，按照所学内容，自行探索完成此任务。

**【任务评价】**

本任务完成情况由小组成员互评，评价标准如下表所示。

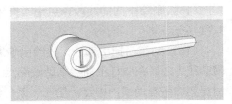

图 3-78 门把手模型完成效果图

| 类别 | 评价标准 | 分数 | 获得分数 |
|---|---|---|---|
| 技术运用（40%） | 能够运用所学知识制作模型 | 20 | |
| | 制作过程中能按照门把手实际尺寸，进行标准化建模 | 20 | |
| 制作效果（55%） | 整体制作效果好 | 20 | |
| | 模型比例符合任务标准，且多边形把手部分侧面的多边形为八边形 | 20 | |
| | 模型精细，钥匙孔细节表达清楚 | 15 | |
| 提交文档（5%） | 提交的图片视角合理，门把手应为水平状态，并且图片清晰 | 5 | |

# 3.4 SketchUp 编辑工具

SketchUp 中的编辑工具包括"移动"工具、"旋转"工具、"缩放"工具、"偏移"工具和"路径跟随"工具。

## 3.4.1 "移动"工具

"移动"工具

SketchUp 中的"移动"工具图标为 ，表示移动、拉伸、复制和排列所选图元。"移动"工具可以对对象进行移动及复制，它的快捷键是 M 键。

**1. "移动"工具的使用方法**

（1）选择模型，单击图标 ，在模型上单击确定移动起点，如图 3-79 所示。

（2）拖动鼠标指针，即可实现在任意方向上的移动，如图 3-80 所示。

（3）确定移动终点位置后，单击即可完成移动，如图 3-81 所示。

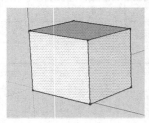
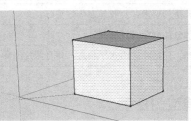
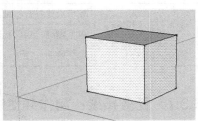

图 3-79 确定起点　　　　图 3-80 在任意方向上移动　　　　图 3-81 完成移动

**2. "移动"工具的移动复制方法**

（1）选择模型，单击图标 ，在模型上单击确定移动起点，如图 3-82 所示。

（2）按住 Ctrl 键，复制出一个模型，然后拖动鼠标指针，即可实现在任意方向上的移动复制，如图 3-83 所示。

（3）确定移动终点方向后，可以直接单击确定终点，也可以在"数值"输入框中输入长度值，然后按回车键，完成精确的移动复制，如图 3-84 所示。

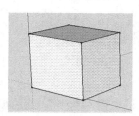
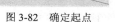
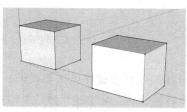
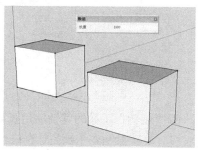

图 3-82　确定起点　　　　　　图 3-83　复制模型　　　　　　图 3-84　完成移动复制

**3. "移动"工具的其他使用技巧**（相关操作步骤详见微课视频）

（1）锁定轴向移动：在移动的同时，按住 Shift 键，可以分别锁定 *x*、*y*、*z* 这 3 个轴向。

（2）复制多个模型：在进行移动复制后，马上在"数值"输入框中输入"×5"，然后按回车键，即可以之前复制的模型的间距为依据，复制相同距离的 5 个模型。

（3）在移动距离内等分复制模型：在进行移动复制后，马上在"数值"输入框中输入"/5"，然后按回车键，即可在移动距离内等分复制 5 个模型。

## 3.4.2　"旋转"工具

SketchUp 中的"旋转"工具图标为 ，表示围绕某个轴旋转、拉伸、复制和排列所选图元。"旋转"工具可以对对象进行旋转及旋转复制，它的快捷键是 Q 键。

**1. "旋转"工具的使用方法**

（1）选择对象，单击"旋转"工具图标 ，拖动鼠标指针确定旋转平面，如图 3-85 所示。

（2）单击确定旋转点，之后拖动鼠标指针，单击确定旋转轴，如图 3-86 所示。

（3）拖动鼠标指针可以进行任意角度的旋转，也可以在"数值"输入框中输入角度值，然后按回车键，完成精确数值的旋转，如图 3-87 所示。

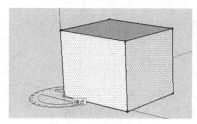
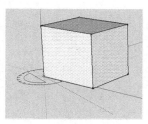
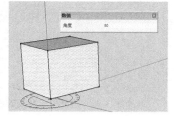

图 3-85　确定旋转平面　　　　图 3-86　确定旋转点及旋转轴　　　图 3-87　输入角度值以精确旋转

**2. "旋转"工具的旋转复制方法**

（1）选择对象，单击"旋转"工具图标 ，拖动鼠标指针确定旋转平面，单击确定旋转点和旋转轴，如图 3-88 所示。

（2）按住 Ctrl 键，在"数值"输入框中输入旋转角度值，然后按回车键，即可完成旋转复制，如图 3-89 所示。

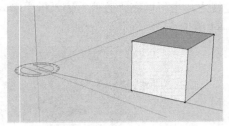

图 3-88　确定旋转点及旋转轴

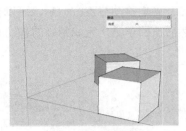

图 3-89　完成旋转复制

**3. "旋转"工具的其他使用技巧**（相关操作步骤详见微课视频）

（1）旋转复制多个模型：在进行旋转复制后，马上在"数值"输入框中输入"×5"，然后按回车键，即可以之前复制的模型的旋转角度大小为依据，复制相同旋转角度的 5 个模型。

（2）在旋转角度内等分复制模型：在进行旋转复制后，马上在"数值"输入框中输入"/5"，然后按回车键，即可在旋转角度内等分复制 5 个模型。

（3）设置旋转角度：单击"窗口">"模型信息">"单位">"角度单位">"启用角度捕捉"，选择"角度"选项。

### 3.4.3　"缩放"工具

SketchUp 中的"缩放"工具图标为 ▣，表示调整所选图元比例并对其进行缩放。"缩放"工具可以对对象进行放大和缩小，可以进行等比缩放和非等比缩放，它的快捷键是 S 键。

**1. "缩放"工具的等比缩放方法**

（1）选择模型，单击"缩放"工具图标 ▣，选择位于模型任意一个角点上的栅格点，如图 3-90 所示。

（2）按住鼠标左键进行拖动，即可完成等比缩放。或者在"数值"输入框中输入缩放比例，然后按回车键，即可完成精确等比缩放，如图 3-91 所示。

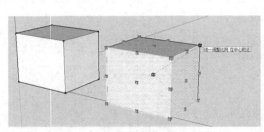

图 3-90　选择位于角点的栅格点

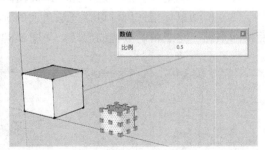

图 3-91　完成精确等比缩放

**2. "缩放"工具的非等比缩放方法**

（1）选择模型，单击"缩放"工具图标 ▣，选择位于模型非角点上的栅格点，如图 3-92 所示。

（2）按住鼠标左键进行拖动，即可完成非等比缩放，如图 3-93 所示。

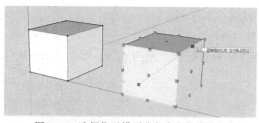

图 3-92　选择位于模型非角点上的栅格点

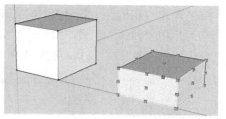

图 3-93　完成非等比缩放

**3. "缩放"工具的其他使用技巧**（相关操作步骤详见微课视频）

（1）在进行缩放操作时，将鼠标指针放在非角点的栅格点上，按住 Shift 键进行缩放，可以进行等比例缩放。

（2）在进行缩放操作时，将鼠标指针放在角点的栅格点上，按住 Shift 键进行缩放，可以进行非等比例缩放。

（3）在进行缩放操作时，按住 Ctrl 键，则以整个模型的轴心点为中心进行缩放。

## 3.4.4　任务 4：制作百叶窗

【任务描述】

通过本案例读者可熟练掌握使用"移动""旋转""缩放"等工具制作百叶窗的方法。最终效果如图 3-94 所示（案例操作过程详见微课视频）。

制作百叶窗

【任务实施】

下面对其操作过程进行详细介绍。

（1）打开 SketchUp，使用"建筑-毫米"模板。启用"矩形"工具，绘制一个与绿色轴线垂直的矩形，大小为 30mm×30mm。

（2）全选矩形，启用"移动"工具，向下移动复制出一个矩形，如图 3-95 所示。

（3）启用"直线"工具，在第一个矩形上绘制倒角，如图 3-96 所示。

图 3-94　百叶窗模型完成效果图

（4）删除周围多余的线和面，如图 3-97 所示。

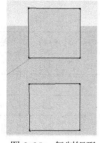

图 3-95　复制矩形

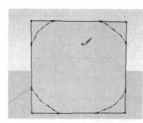

图 3-96　绘制倒角

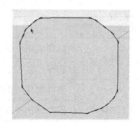

图 3-97　删除周围多余部分

（5）启用"推/拉"工具，将两个形状都推拉 1000mm，如图 3-98 所示。

（6）单击"相机"＞"平行投影"，单击"前视图"图标 🏠。

（7）启用"圆弧"工具，绘制一个圆弧，如图 3-99 所示。

（8）启用"推/拉"工具，旋转视图，推拉圆弧并删除圆弧上面的部分，如图 3-100 所示。

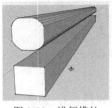

图 3-98　进行推拉

图 3-99　绘制圆弧

图 3-100　推拉圆弧并删除圆弧上面的部分

（9）单击"前视图"，删除圆弧下方的面和线，百叶窗的单个叶片即制作完成，如图 3-101 所示。

（10）框选叶片部分，调整位置，将其移动到距离上方物体合适的位置。启用"移动"工具，按 Ctrl 键向下移动 20mm 复制一个叶片，之后在"数值"输入框中输入"×40"，移动复制出 40 个叶片，这就是百叶窗的所有叶片，如图 3-102 所示。

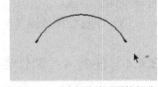
图 3-101　删除圆弧下面的部分

（11）切换到"顶视图"，捕捉最上方的平面，绘制一个圆形（半径为 2mm），框选圆形，单击鼠标右键，选择"创建群组"选项，如图 3-103 所示。之后双击进入群组，启用"推/拉"工具，向下推拉 860mm。

（12）切换到"顶视图"，框选圆柱，移动复制一个圆柱到右侧合适位置。再框选这两个圆柱，将它们移动复制到中点和终点位置，总共 6 个圆柱，如图 3-104 所示。

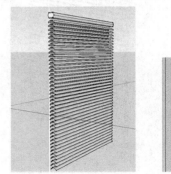
图 3-102　移动复制叶片

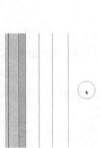
图 3-103　绘制圆形

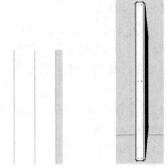
图 3-104　移动复制圆柱

【任务评价】

本任务完成情况由教师进行评价，评价标准如下表所示。

| 类别 | 评价标准 | 分数 | 获得分数 |
|---|---|---|---|
| 技术运用（40%） | 能够运用所学知识制作出模型 | 20 | |
| | 制作过程中能按照百叶窗实际尺寸，进行标准化建模 | 20 | |
| 制作效果（55%） | 整体制作效果好 | 20 | |
| | 模型比例符合任务标准，且百叶窗叶片的间隔合理 | 20 | |
| | 细节表达清楚 | 15 | |
| 提交文档（5%） | 提交的图片视角合理，窗户应为垂直状态，并且图片清晰 | 5 | |

### 3.4.5　任务拓展：制作窗户

**【任务描述】**

按照图 3-105 所示的效果图制作窗户，模板为"建筑-毫米"，采用生活中窗户的实际尺寸进行制作。拓展任务用于培养读者自主学习、动手实践的基本素养。

**【任务实施】**

完成"任务4：制作百叶窗"后，按照所学内容，自行探索完成此任务。

**【任务评价】**

本任务完成情况由小组成员互评，评价标准如下表所示。

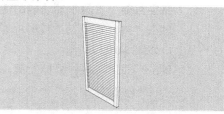

图 3-105　窗户完成图

| 类别 | 评价标准 | 分数 | 获得分数 |
|---|---|---|---|
| 技术运用（40%） | 能够运用所学知识制作出模型 | 20 | |
| | 制作过程中能按照窗户实际尺寸，进行标准化建模 | 20 | |
| 制作效果（55%） | 整体制作效果好 | 20 | |
| | 模型比例符合任务标准，且窗户叶片的间隔合理 | 20 | |
| | 细节表达清楚 | 15 | |
| 提交文档（5%） | 提交的图片视角合理，窗户应为垂直状态，并且图片清晰 | 5 | |

### 3.4.6　"偏移"工具

SketchUp 中的"偏移"工具图标为 ，表示偏移平面上的所选边线。"偏移"工具可以对对象进行移动和复制，它的快捷键是 F 键。

**"偏移"工具的使用方法**

（1）单击"偏移"工具图标 ，将鼠标指针放置在需要偏移的面上，如图 3-106 所示。

（2）单击需要偏移的平面，拖动鼠标进行偏移复制，然后单击确定，如图 3-107 所示。

（3）如果需要指定偏移复制的距离，则在单击需要偏移的平面后，在"数值"输入框中直接输入偏移值，然后按回车键即可，如图 3-108 示。

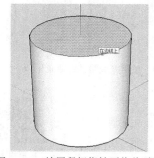
图 3-106　放置鼠标指针至偏移平面

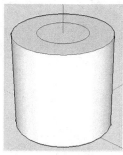
图 3-107　完成偏移复制

图 3-108　精确偏移

### 3.4.7 "路径跟随"工具

SketchUp 中的"路径跟随"工具图标为 ，表示按所选平面进行路径跟随。"路径跟随"工具可以将两个二维图形或者平面生成三维实体。类似于 3ds Max 中的"放样"工具，可以使指定截面沿着路径进行"放样"。

"路径跟随"工具

1．"路径跟随"工具手动功能的使用方法

（1）单击"路径跟随"工具图标 ，将鼠标指针放置在需要进行路径跟随的平面上，如图 3-109 所示。

（2）单击平面后，按住鼠标左键，并沿着路径进行移动，如图 3-110 所示。

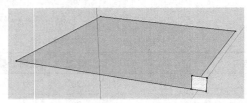
图 3-109 放置鼠标指针至路径跟随平面

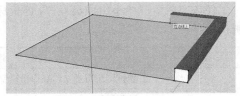
图 3-110 按住鼠标左键沿路径进行移动

（3）到路径跟随的终点位置后，松开鼠标左键，即可完成路径跟随操作，如图 3-111 所示。

2．"路径跟随"工具自动功能的使用方法

（1）单击"路径跟随"工具图标 ，将鼠标指针放置在需要进行路径跟随的平面上，如图 3-112 所示。

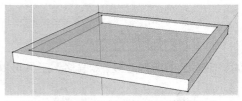
图 3-111 松开鼠标左键完成路径跟随操作

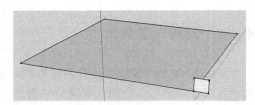
图 3-112 放置鼠标指针至路径跟随平面

（2）单击平面，按住 Alt 键的同时移动鼠标指针至截面上，如图 3-113 所示。

（3）再次单击，即可自动完成路径跟随操作，如图 3-114 所示。

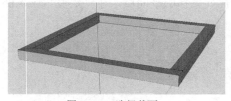
图 3-113 选择截面

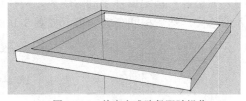
图 3-114 单击完成路径跟随操作

### 3.4.8 任务 5：制作书桌

制作书桌

【任务描述】

通过本任务读者可熟练掌握使用"偏移""路径跟随"等工具制作书桌的方

法。最终效果如图 3-115 所示（任务操作过程详见微课视频）。

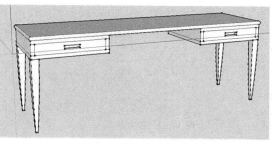

图 3-115　书桌模型完成效果图

【任务实施】

下面对其操作过程进行详细介绍。

（1）打开 SketchUp，使用"建筑-毫米"模板。启用"矩形"工具，绘制一个矩形，大小为 2100mm×600mm。启用"推/拉"工具，推拉距离为 30mm。

（2）启用"直线"工具，单击矩形左下角顶点，沿着边线往右绘制一条长度为 625mm 的线段。同样单击矩形右下角顶点，沿着边线往左绘制一条长度为 625mm 的线段，如图 3-116 所示。

（3）捕捉端点，绘制一条与绿色轴线平行的线段，如图 3-117 所示。

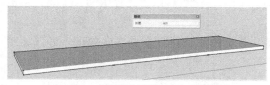

图 3-116　分别绘制长为 625mm 的线段

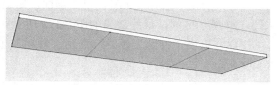

图 3-117　捕捉端点以绘制线段

（4）启用"推/拉"工具，选择左侧底面，按住 Ctrl 键往下推 120mm，再往下推出 30mm 的厚度；右侧的底面同样向下推 120mm，再向下推出 30mm 的厚度，如图 3-118 所示。

（5）启用"偏移"工具，选择左侧底面并偏移 60mm，右侧底面同样偏移 60mm，如图 3-119 所示。

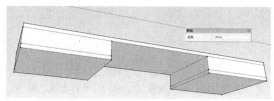

图 3-118　推拉厚度

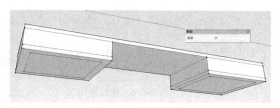

图 3-119　进行偏移

（6）启用"推/拉"工具，将左侧底面中间的面推至顶，将右侧底面中间的面同样推至顶，如图 3-120 所示。

（7）切换至图 3-121 所示的视角，启用"圆弧"工具，绘制图 3-122 所示的圆弧。

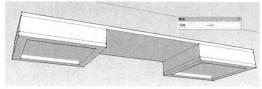

图 3-120　将底面中间的面推至顶

图 3-121　切换视角

（8）启用"路径跟随"工具，单击圆弧，在按住 Alt 键的同时单击桌子顶面，桌子的圆角即制作完成，如图 3-123 所示。

（9）制作桌角。启用"矩形"工具，绘制一个矩形，大小为 60mm×60mm。

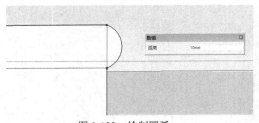

图 3-122　绘制圆弧

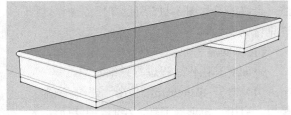

图 3-123　制作桌子的圆角

（10）将矩形创建成群组，双击进入群组后启用"推/拉"工具，向下推 600mm，如图 3-124 所示。

（11）启用"圆弧"工具，捕捉最前方面的左上角端点及下边线上的点，绘制一个圆弧，如图 3-125 所示。

（12）启用"选择"工具，单击顶面，如图 3-126 所示。然后启用"路径跟随"工具，单击图 3-127 所示的面，最终效果如图 3-128 所示。

（13）退出"群组"模式，启用"移动"工具，将桌角移动对齐至桌子底部顶点处，如图 3-129 所示。

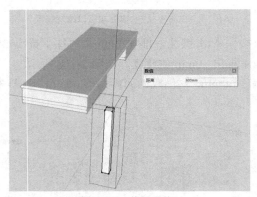

图 3-124　推拉成体

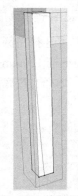

图 3-125　绘制圆弧

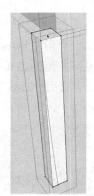

图 3-126　选择顶面

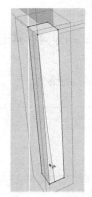

图 3-127　选择面

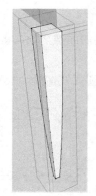

图 3-128　桌角制作完成效果图

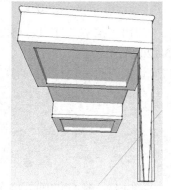

图 3-129　移动对齐桌角

（14）复制出其余 3 个桌角，并移动至桌子的其他几个底部顶点处，如图 3-130 所示。

（15）制作抽屉。启用"直线"工具，在左侧需要制作抽屉的面上绘制一条距离桌面下边线 30mm 的线段，然后在中间绘制两条距离两侧边线 30mm 的线段，如图 3-131 所示。

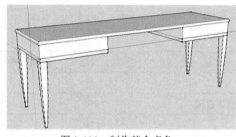

图 3-130　制作其余桌角

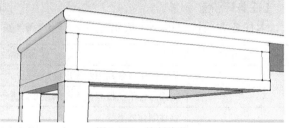

图 3-131　绘制线段

（16）在右侧需要制作抽屉的面上使用相同的方法绘制线段，如图 3-132 所示。

（17）制作抽屉凹槽部分，在抽屉表面绘制矩形，然后启用"推/拉"工具，将其向里推 30mm，最终效果如图 3-133 所示。

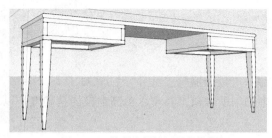

图 3-132　绘制右侧抽屉面上的线段

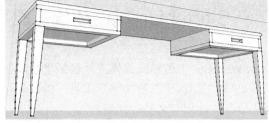

图 3-133　凹槽制作完成效果图

【任务评价】

本任务完成情况由教师进行评价，评价标准如下表所示。

| 类别 | 评价标准 | 分数 | 获得分数 |
| --- | --- | --- | --- |
| 技术运用（40%） | 能够运用所学知识制作出模型 | 20 | |
| | 制作过程中能按照书桌实际尺寸，进行标准化建模 | 20 | |
| 制作效果（55%） | 整体制作效果好 | 20 | |
| | 模型比例符合任务标准，桌子圆弧造型合理，底部桌角能够支撑桌子 | 20 | |
| | 细节表达清楚 | 15 | |
| 提交文档（5%） | 提交的图片视角合理，书桌应为直立放置状态，并且图片清晰 | 5 | |

## 3.4.9　任务拓展：制作凳子

【任务描述】

按照图 3-134 所示的效果图制作凳子模型，模板为"建筑-毫米"，参照生活中凳子的实际尺寸进行制作。

【任务实施】

完成"任务 5：制作书桌"后，按照所学内容，自行探索完成此任务。

图 3-134　凳子模型完成效果图

**【任务评价】**

本任务完成情况由小组成员互评，评价标准如下表所示。

| 类别 | 评价标准 | 分数 | 获得分数 |
|---|---|---|---|
| 技术运用（40%） | 能够运用所学知识制作出模型 | 20 | |
| | 制作过程中能按照凳子实际尺寸，进行标准化建模 | 20 | |
| 制作效果（55%） | 整体制作效果好 | 20 | |
| | 模型比例符合任务标准，且凳子圆弧造型幅度合理 | 20 | |
| | 模型精细，凳子侧面曲面造型的细节表达清楚 | 15 | |
| 提交文档（5%） | 提交的图片视角合理，凳子应为直立放置状态，并且图片清晰 | 5 | |

## 3.5 SketchUp 辅助建模工具

SketchUp 中的辅助建模工具包括"卷尺"工具、"量角器"工具、"尺寸"工具、"文字"工具、"轴"工具、"三维文字"工具。SketchUp 中的辅助建模工具可以提高建模的精确度，以及进行各种标识与文字的创建。

### 3.5.1 "卷尺"工具

SketchUp 中的"卷尺"工具图标为 🔍，用于测量距离，创建引导线、引导点，调整整个模型的比例。"卷尺"工具可以进行距离的精确测量，也可以制作辅助线。它的快捷键为 T 键。

**1. 使用"卷尺"工具测量距离的方法**

（1）单击"卷尺"工具图标 🔍，单击确定测量起点，如图 3-135 所示。

（2）拖动鼠标指针至测量的终点并再次单击，就可以在"数值"输入框中看到测量的距离值，如图 3-136 所示。

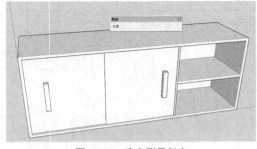

图 3-135　确定测量起点

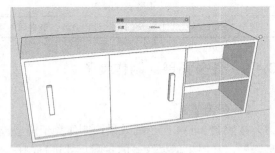

图 3-136　确定测量终点

**2. 使用"卷尺"工具创建延长辅助线的方法**

（1）单击"卷尺"工具图标 🔍，单击确定延长辅助线的起点，如图 3-137 所示。

（2）拖动鼠标指针确定延长辅助线的方向，在"数值"输入框中输入延长数值，然后按回车键，即可完成操作，如图 3-138 所示。

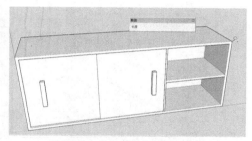

图 3-137　确定延长辅助线的起点

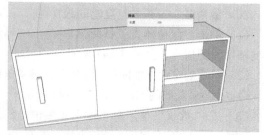

图 3-138　创建延长辅助线

**3．使用"卷尺"工具创建偏移辅助线的方法**

（1）单击"卷尺"工具图标 ，单击除偏移参考线两侧端点以外的位置，确定偏移辅助线的起点，如图 3-139 所示。

（2）拖动鼠标指针确定偏移辅助线的方向，在"数值"输入框中输入偏移数值，然后按回车键，即可完成操作，如图 3-140 所示。

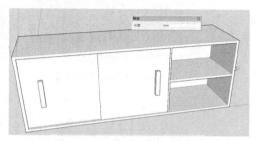

图 3-139　确定偏移辅助线的起点

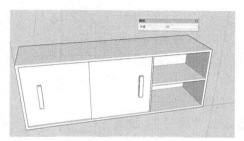

图 3-140　创建偏移辅助线

## 3.5.2　"量角器"工具

SketchUp 中的"量角器"工具图标为 ，用于测量角度并创建参考线。"量角器"工具可以测量角度并创建角度辅助线。

**1．"量角器"工具的使用方法**

（1）单击"量角器"工具图标 ，单击目标测量角的顶点，如图 3-141 所示。

（2）在目标测量角任意一条边线上单击，然后捕捉到目标测量角的另一条边线，即可在"数值"输入框中看到测量到的角度，如图 3-142 所示。

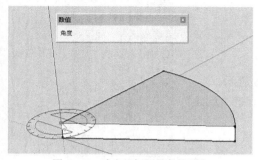

图 3-141　确定目标测量角的顶点

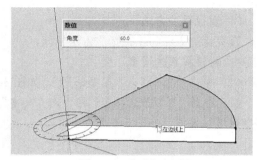

图 3-142　完成角度测量

**2.**"量角器"工具的角度辅助线功能

（1）单击"量角器"工具图标 ，单击确定角度辅助线的顶点，如图 3-143 所示。

（2）单击确定角度辅助线的起始线，拖动鼠标指针确定角度辅助线的方向，如图 3-144 所示。

（3）在"数值"输入框中输入角度值，然后按回车键，即可完成角度辅助线的创建，如图 3-145 所示。

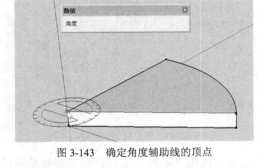

图 3-143　确定角度辅助线的顶点

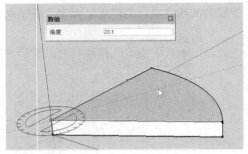

图 3-144　确定角度辅助线的方向

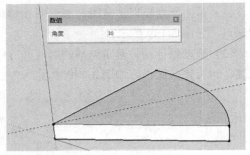

图 3-145　创建角度辅助线

### 3.5.3 "尺寸"工具

SketchUp 中的"尺寸"工具图标为 ，表示在任意两点间绘制尺寸线。"尺寸"工具可以对尺寸进行标注，包括长度标注、半径标注、直径标注。

**1．长度标注方法**

（1）单击"尺寸"工具图标，单击标注起点。

（2）单击标注终点，然后拖动鼠标指针放置长度标注。

**2．半径标注方法**

（1）单击"尺寸"工具图标，在目标弧线上单击确定标注对象。

（2）拖动鼠标指针确定放置标注的位置，单击确定即可完成半径标注。

**3．直径标注方法**

直径标注方法与半径标注方法相同。

**4．标注样式的设置**

（1）单击"窗口">"模型信息"，如图 3-146 所示。

（2）选择"尺寸"选项卡，可以对"文本""引线""尺寸"等参数进行设置，如图 3-147 所示。

图 3-146　单击"模型信息"

图 3-147　"尺寸"选项卡

## 3.5.4　"文字"工具

SketchUp 中的"文字"工具图标为 ，用于绘制文字标签。"文字"工具可以对图形的面积、线段的长度、顶点坐标等进行文字标注。

### 1．系统标注

在需要进行标注的模型表面单击，拖动鼠标指针确定文字标注位置，再次单击确定添加标注。

### 2．自主标注

在需要进行标注的模型表面单击，拖动鼠标指针确定文字标注位置，此时可以自主输入需要添加的标注内容，再次单击确定添加标注。

### 3．修改文字标注

在标注添加完成后，再次双击文字标注的内容，则直接可以对文字进行修改。

## 3.5.5　"轴"工具

SketchUp 中的"轴"工具图标为 ，用于移动绘图轴或重新确定绘图轴方向。"轴"工具可以进行位置定位。"轴"工具的使用方法如下。

（1）单击"轴"工具图标 ，在新的原点处单击，如图 3-148 所示。

（2）拖动鼠标指针调整 $x$、$y$ 轴的方向，然后单击确定，如图 3-149 所示。

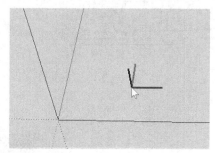

图 3-148　确定新的原点位置

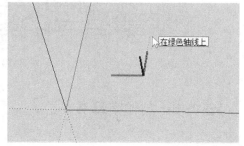

图 3-149　调整 $x$、$y$ 轴的方向

（3）上下拖动鼠标指针确定 $z$ 轴的方向，如图 3-150 所示，单击确定，新的坐标轴设置完成，如图 3-151 所示。

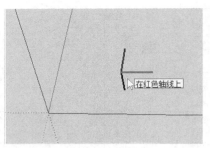

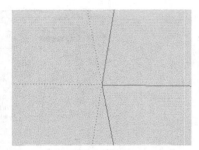

図 3-150　确定 z 轴的方向　　　　　　　　図 3-151　新的坐标轴设置完成

### 3.5.6　"三维文字"工具

"三维文字"
工具

SketchUp 中的"三维文字"工具图标为 🐜，用于绘制三维文字。"三维文字"工具可以创建三维文字效果。"三维文字"工具的使用方法如下。

（1）单击"三维文字"工具图标🐜，弹出"放置三维文本"对话框，如图 3-152 所示。

（2）在"放置三维文本"对话框中设置"字体""对齐""高度"等参数，如图 3-153 所示。

図 3-152　"放置三维文本"对话框　　　　　　図 3-153　设置参数

（3）单击"放置"按钮，并将鼠标指针移动到要放置三维文字的目标点，单击即可完成操作，如图 3-154 所示。

図 3-154　完成操作

### 3.5.7　任务 6：制作字母书架

制作字母书架

【任务描述】

通过本任务读者可熟练掌握使用"三维文字"等工具制作书架的方法。最终效果如图 3-155 所示（任务操作过程详见微课视频）。

**【任务实施】**

下面对其操作过程进行详细介绍。

（1）打开 SketchUp，使用"建筑–毫米"模板。启用"三维文字"工具，在"放置三维文本"对话框的文本框中输入字母"AWV"，将"字体"设置为"Tahoma"，"高度"设置为"2000mm"，"已延伸"设置为"500mm"，如图 3-156 所示。

图 3-155　字母书架模型完成效果图

图 3-156　输入文本并设置参数

（2）单击"放置"按钮将字母"A"左下角的点对齐至原点位置。

（3）启用"旋转"工具，将字母"AWV"旋转成直立状态，如图 3-157 所示。

（4）双击进入群组内，框选右边的两个字母，启用"移动"工具，将字母"W"的端点对齐至字母"A"的端点，如图 3-158 所示。

图 3-157　将字母旋转成直立状态

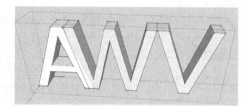

图 3-158　对齐端点（1）

（5）框选字母"V"，启用"移动"工具，将字母"V"的端点对齐至字母"W"的端点，如图 3-159 所示。

（6）删除字母 A 及字母 W 上重叠部分多余的线段，注意还要删除背面多余线段，如图 3-160 所示。

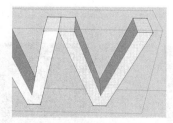

图 3-159　对齐端点（2）

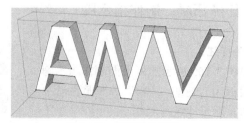

图 3-160　删除多余线段

（7）退出"群组"模式，启用"矩形"工具，单击"相机">"平行投影"，切换至"主视图"。

（8）绘制一个矩形，如图 3-161 所示。

（9）双击选择矩形的面及边线，启用"移动"工具，将矩形移动至字母的中间位置，如图 3-162 所示。

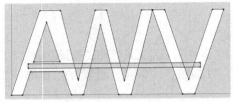

图 3-161　绘制矩形

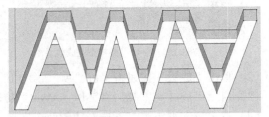

图 3-162　移动矩形

（10）启用"推/拉"工具，将矩形推拉出宽度，书架的隔板即制作完成，注意隔板的宽度要小于字母的厚度，如图 3-163 所示。

（11）全选隔板部分，将其向下移动，再复制一份隔板并移至字母中上方，如图 3-164 所示。

（12）单击"相机"＞"透视图"，即可完成制作。

图 3-163　推拉宽度

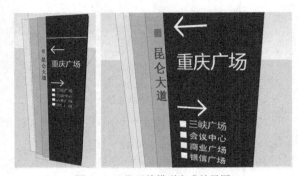

图 3-164　复制隔板

【任务评价】

本任务完成情况由教师进行评价，评价标准如下表所示。

| 类别 | 评价标准 | 分数 | 获得分数 |
|---|---|---|---|
| 技术运用（40%） | 能够运用所学知识制作出模型 | 20 | |
| | 制作过程中能按照书架实际尺寸，进行标准化建模 | 20 | |
| 制作效果（55%） | 整体制作效果好 | 20 | |
| | 模型比例符合任务标准，且书架隔板位置合理 | 20 | |
| | 细节表达清楚 | 15 | |
| 提交文档（5%） | 提交的图片视角合理，书架应为直立放置状态，并且图片清晰 | 5 | |

## 3.5.8　任务拓展：制作指示牌

【任务描述】

按照图 3-165 所示的效果图制作指示牌模型，模板为"建筑-毫米"，参照生活中指示牌的实际尺寸进行制作。

【任务实施】

完成"任务 6：制作字母书架"后，按照所学内容，自行探索完成任务。

【任务评价】

本任务完成情况由小组成员互评，评价

图 3-165　指示牌模型完成效果图

标准如下表所示。

| 类别 | 评价标准 | 分数 | 获得分数 |
| --- | --- | --- | --- |
| 技术运用（40%） | 能够运用所学知识制作出模型 | 20 | |
| | 制作过程中能按照指示牌实际尺寸，进行标准化建模 | 20 | |
| 制作效果（55%） | 整体制作效果好 | 20 | |
| | 模型比例符合任务标准，文字大小合理 | 20 | |
| | 模型精细，指示牌上的细节表达清楚 | 15 | |
| 提交文档（5%） | 提交的图片视角合理，指示牌应为直立放置状态，并且图片清晰 | 5 | |

# 3.6　项目小结及课后作业

**项目小结**

　　本项目主要讲解了 SketchUp 中的基本工具，并通过对工具的详细讲解，让读者对基本工具的使用方法有了深入的了解。通过电视柜、展示柜、门把手等模型的制作，以及多个工具及任务的微课视频，读者能够灵活运用 SketchUp 软件的基本工具进行各种模型的制作。

**课后作业**

　　**1. 单选题**

　　（1）"矩形"工具的快捷键是（　　）。

　　A. T 键　　　　　　　　　B. R 键　　　　　　C. C 键　　　　　D. J 键

　　（2）"推/拉"工具的快捷键是（　　）。

　　A. T 键　　　　　　　　　B. P 键　　　　　　C. L 键　　　　　D. Q 键

　　（3）"圆弧"工具的快捷键是（　　）。

　　A. B 键　　　　　　　　　B. A 键　　　　　　C. C 键　　　　　D. Y 键

　　（4）"圆形"工具的快捷键是（　　）。

　　A. B 键　　　　　　　　　B. A 键　　　　　　C. C 键　　　　　D. Y 键

　　（5）"多边形"工具输入边数的形式是（　　）。

　　A. $Xs$　　　　　　　　　B. S　　　　　　　　C. 边　　　　　　D. $X$ 边

　　**2. 多选题**

　　（1）下列关于"直线"工具的说法正确的是（　　）。

　　A. "直线"工具可以绘制直线段

　　B. "直线"工具的快捷键是 L 键

　　C. "直线"工具可以绘制多条直线段与封闭图形

　　D. "直线"工具可以分割平面及补面

　　（2）下列关于"直线"工具等分线段的说法正确的是（　　）。

　　A. 操作时可以移动鼠标指针进行等分

B. 单击鼠标右键，选择"拆分"选项，再输入等分的数值，按回车键

C. 直接单击鼠标右键再移动鼠标指针进行等分

D. 按快捷键 D 键

（3）下列关于"推/拉"工具说法正确的是（　　　）。

A. "推/拉"工具是 SketchUp 最常用且最具特色的一个工具，可以方便地把二维平面推拉成三维几何体

B. 按住 Ctrl 键可移动复制选定的面，双击可制作镂空的效果

C. 按住 Shift 键可移动复制选定的面

D. 在应用了"推/拉"工具后，接着双击其他面可直接应用上次的推拉参数

（4）下列关于"旋转"工具说法正确的是（　　　）。

A. 旋转：首先确定旋转的轴心点，其次确定起始线位置，最后确定终止线位置

B. 复制：首先按住 Ctrl 键，其次确定旋转的轴心点，再次确定起始线位置，最后确定终止线位置

C. 输入"/5"，表示以之前复制的模型的旋转角度大小为依据复制相同旋转角度的 5 个模型

D. 输入"×5"，表示在旋转角度内等分复制 5 个模型

**3．操作题**

运用本项目所学知识制作图 3-166 所示的电视柜。

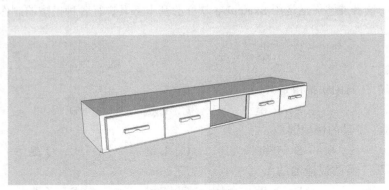

图 3-166　电视柜

# 项目 4

# SketchUp 高级工具的使用

## 项目导航

本项目将对 SketchUp 高级工具的使用方法进行详细的讲解，包括 SketchUp 模型管理工具、高级建模工具、"材质"工具、场景效果制作工具。结合任务案例，读者可以快速掌握 SketchUp 高级工具的使用方法，为后续综合案例项目的学习打下坚实的基础。

## 知识目标

- 了解 SketchUp 中的模型管理工具。
- 了解 SketchUp 中的高级建模工具。
- 了解 SketchUp 中的材质与贴图。
- 了解 SketchUp 中的场景效果制作工具。

## 技能目标

- 掌握 SketchUp 中高级工具的操作方法。
- 熟练掌握使用高级工具制作模型的方法。

## 素养目标

- 通过模型管理工具的讲解，提高读者文件操作的规范意识。
- 对宣传栏材质贴图任务案例的讲解，增强读者的学习意识，提高读者的综合能力。
- 对材质细节的不断调整，培养读者精益求精的工匠精神。

## 4.1 SketchUp 高级工具概述

SketchUp 的高级工具如下。

（1）模型管理工具："组"工具、"组件"工具、"图层"工具。

（2）高级建模工具："实体"工具、"沙盒"工具。

（3）材质与贴图：基础使用方法、特殊的贴图技巧。

（4）场景效果制作工具："相机"工具、"场景"工具、"雾化"工具。

## 4.2　SketchUp 模型管理工具

在用 SketchUp 建模时，用户根据模型的种类、功能等属性，分门别类地对模型进行管理，有助于提高用户的工作效率。还可以将场景中的模型单独保存为外部文件，方便与其他人分享。模型管理工具包括"组"工具、"组件"工具、"图层"工具。通过对模型管理工具的学习，读者可以提高文件操作的规范意识。

### 4.2.1　"组"工具

"组"工具可以将多个模型进行组合，以减少场景中的模型数量，方便用户进行模型的选择及调整。"组"工具的详细介绍如下。

**1．创建组与分解组**

（1）打开"素材 4-1 桌椅组合模型"，如图 4-1 所示，此时模型还未创建"组"。单击选择相应的模型面，如图 4-2 所示，如果进行移动等操作，就会影响模型的组合关系。

图 4-1　桌椅组合模型　　　　　　　　　　　　图 4-2　单击选择相应的模型面

（2）以创建椅子组为例，框选一个椅子，选中所有的面，单击鼠标右键，选择"创建群组"选项，如图 4-3 所示。完成后单击椅子组，就可以选中椅子整体，如图 4-4 所示。

（3）如果要分解组，则选中椅子组，单击鼠标右键，选择"分解"选项即可，如图 4-5 所示。

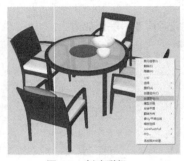  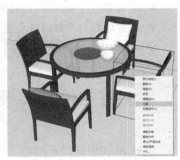

图 4-3　创建群组　　　　　　　图 4-4　选中椅子整体　　　　　　　图 4-5　分解模型组

### 2．编辑组

（1）选择刚才创建的椅子组模型，单击鼠标右键，选择"编辑组"选项，或者双击组，如图 4-6 所示。

（2）此时进入组内，可以单独编辑组内的模型，并且组的边框以虚线显示，组外模型显示为灰色，如图 4-7 所示。

（3）如果需要退出"编辑组"模式，则在视图空白处单击即可退出，如图 4-8 所示。

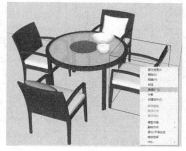
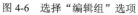
图 4-6　选择"编辑组"选项

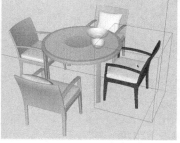
图 4-7　选择组内模型

图 4-8　退出"编辑组"模式

### 3．嵌套组

场景中的模型较多时，可以使用"嵌套组"功能，"嵌套组"可以使现有的"组"模型再次成"组"，具体方法如下。

（1）将桌椅组合模型的椅子、桌子、抱枕、碗等单独创建成组，如图 4-9 所示。

（2）选择所有的组模型，单击鼠标右键，选择"创建群组"选项，如图 4-10 所示。

（3）此时模型整体成了一个"组"，如果需要编辑组，则双击进入组内，椅子组、桌子组等将单独显示，如图 4-11 所示。双击椅子组，则进入椅子组内，可以对椅子进行单独编辑，如图 4-12 所示。

图 4-9　将同类模型单独创建成组

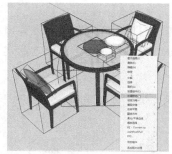
图 4-10　选择"创建群组"选项

图 4-11　编辑整体组

图 4-12　编辑椅子组

## 4.2.2　"组件"工具

"组件"工具除了可以将一个或者多个模型的集合创建为一个整体外，还可以在 SketchUp 中导入或导出组件，实现在不同文件中使用模型。"组件"工具的详细介绍如下。

**1．创建组件**

（1）选择已经创建成组的模型，单击鼠标右键，选择"创建组件"选项，如图 4-13 所示。

（2）弹出"创建组件"对话框，在该对话框中可以设置组件的相关参数，如图 4-14 所示。

（3）单击"创建"按钮，即可完成创建。

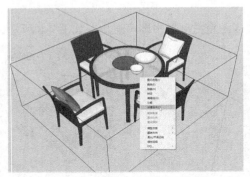

图 4-13　选择"创建组件"选项　　　　图 4-14　"创建组件"对话框

**2．导出组件**

（1）选中组件并单击鼠标右键，选择"另存为"选项，如图 4-15 所示。

（2）弹出"另存为"对话框，选择组件的保存路径即可，如图 4-16 所示。

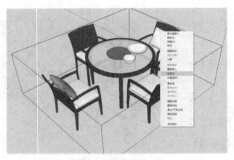

图 4-15　另存为　　　　　　　　　　图 4-16　"另存为"对话框

**3．导入组件**

（1）在原文件中导入已有组件：以刚才保存的组件为例，单击"窗口"＞"组件"，在弹出的"组件"对话框中单击"在模型中的材质"按钮，如图 4-17 所示。然后从下方选择刚才新建的组件，如图 4-18 所示。在场景中单击即可导入组件，如图 4-19 所示。

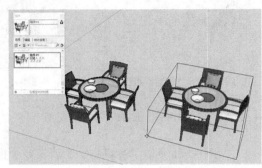

图 4-17　单击"在模型中的材质"按钮　　图 4-18　选择组件　　　　图 4-19　导入组件

（2）在新文件中导入组件：单击"文件"＞"导入"，在弹出的"打开"对话框中选择组件，即可将其导入场景中。

## 4.2.3 "图层"工具

"图层"工具是 SketchUp 中的模型管理工具，可以对场景中的模型进行分类管理。它的打开方式为：单击"视图"＞"工具栏"，勾选"图层"选项，即可打开图 4-20 所示的工具栏。

### 1. 显示与隐藏图层

（1）单击"图层"工具栏中的"图层管理器"按钮，如图 4-21 所示，弹出图 4-22 所示的"图层"面板，此场景中已有"建筑""植物""景观湖""地面""其他装饰组件"图层，如图 4-22 所示。

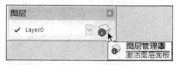

图 4-20　"图层"工具栏　　图 4-21　单击"图层管理器"按钮　　图 4-22　"图层"面板

（2）勾选"建筑"图层的"可见"复选框，即可隐藏建筑物，如图 4-23 所示。如果需要显示建筑物，则取消勾选"建筑"图层的"可见"复选框，即可显示建筑物，如图 4-24 所示。

图 4-23　隐藏建筑物

图 4-24　显示建筑物

**2．增加与删除图层**

（1）单击"图层"面板上的"添加图层"按钮，即可添加一个新的图层——"图层1"，如图4-25所示。

（2）修改"图层1"为"栅栏"，并选择"栅栏"图层左侧的单选项，将其设置为"当前图层"，如图4-26所示。

图4-25　添加图层　　　　图4-26　修改图层名称

（3）在场景中添加一个"栅栏"组件，此时的"栅栏"组件就在"栅栏"图层中，如图4-27所示。

（4）如果需要删除"栅栏"图层，单击"图层"面板上的"删除图层"按钮，弹出"删除包含图元的图层"对话框，如图4-28所示。此时如果选择"将内容移至默认图层"单选项，该图层内的模型将自动移至"Layer0"图层，如果选择"删除内容"单选项，则图层和图层内的模型都将被删除。

**3．修改模型所处图层**

修改模型所处图层的操作步骤如下。

图4-27　添加"栅栏"组件

（1）选择模型，单击鼠标右键，选择"图元信息"选项，如图4-29所示。

（2）在弹出的"图元信息"面板中，单击"图层"下拉按钮，选择所要更换的图层，如图4-30所示。

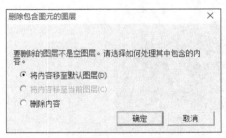

图4-28　"删除包含图元的图层"对话框　　　图4-29　选择"图元信息"选项　　　图4-30　更换图层

## 4.3 SketchUp 高级建模工具

SketchUp 中的高级建模工具包括"实体"工具、"沙盒"工具。

"实体"工具

### 4.3.1 "实体"工具

"实体"工具类似于 3ds Max 中的"布尔运算"命令，可以在组或组件间进行布尔运算，以便创建复杂模型。需要注意的是："实体"工具只能在实体间进行布尔运算，而 SketchUp 中的"创建为群组"操作可以创建实体。

"实体"工具的调出方式为：单击"视图">"工具栏"，在"工具栏"对话框中勾选"实体工具"选项，如图 4-31 所示。勾选后弹出"实体工具"工具栏，如图 4-32 所示。

"实体"工具栏中包括 6 种工具，从左至右分别为"实体外壳""相交""联合""减去""剪辑""拆分"。

#### 1."实体外壳"工具

"实体外壳"工具可以给指定的多个物体（组或组件）加一个"外壳"，使它们变成一个物体（组或组件），具体操作方法如下。

（1）场景中有一个立方体和一个圆柱体。单击"实体外壳"工具，提示选择第一个实体，这里单击圆柱体，如图 4-33 所示。

（2）提示选择第二个实体，这里单击立方体，这两个实体就变成了一个物体，如图 4-34 所示。

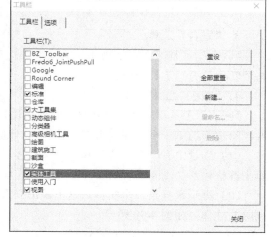

图 4-31  "工具栏"对话框

图 4-32  "实体工具"工具栏

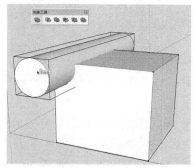

图 4-33  选择第一个实体（1）

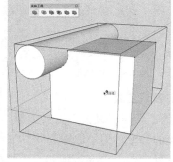

图 4-34  选择第二个实体

#### 2."相交"工具

"相交"工具可获得物体（组或组件）的相交部分，而将其余部分删除，具体操作方法如下。

（1）场景中有一个立方体和一个圆柱体。单击"相交"工具，提示选择第一个实体，这里单击圆柱体，如图4-35所示。

（2）提示选择第二个实体，这里单击立方体，即可获得两个物体的相交部分，如图4-36所示。

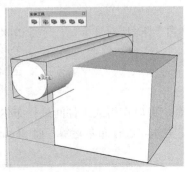
图4-35　选择第一个实体（2）

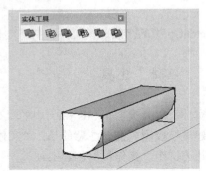
图4-36　获得相交结果

### 3."联合"工具

"联合"工具可将多个物体（组或组件）合并成一个新的物体（组或组件），具体操作方法与"实体外壳"工具一样。

### 4."减去"工具

"减去"工具可以从一个物体（组或组件）中删除与另一个物体（组或组件）相交的部分，并删除选择的第一个物体（组或组件），具体操作方法如下。

（1）场景中有一个立方体和一个圆柱体。单击"减去"工具，提示选择第一个实体，这里单击圆柱体，如图4-37所示。

（2）提示选择第二个实体，这里单击立方体，即从立方体上删除与圆柱体相交的部分，并删除圆柱体，如图4-38所示。

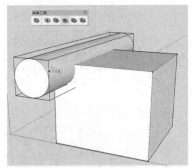
图4-37　选择第一个实体（3）

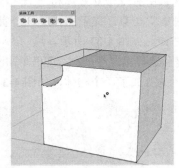
图4-38　获得减去结果

### 5."剪辑"工具

"剪辑"工具与"减去"工具类似，会从一个物体（组或组件）中删除与另一个物体（组或组件）相交的部分，但不删除原物体（组或组件），具体操作方法如下。

（1）场景中有一个立方体和一个圆柱体。单击"剪辑"工具，提示选择第一个实体，这里单击圆柱体，如图4-39所示。

（2）提示选择第二个实体，这里单击立方体，即从立方体上删除与圆柱体相交的部分，并保留圆柱体。将圆柱体移动开，观察运算结果，如图4-40所示。

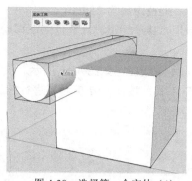

图 4-39　选择第一个实体（4）

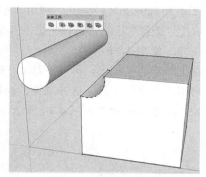

图 4-40　获得剪辑结果

### 6."拆分"工具

"拆分"工具与"相交"工具类似，可获得物体（组或组件）的相交部分并使其成为单独的物体（组或组件），保留物体（组或组件）不相交的部分，它们分别成为单独的物体（组或组件），具体操作方法如下。

（1）场景中有一个立方体和一个圆柱体。单击"拆分"工具，提示选择第一个实体，这里单击圆柱体，如图 4-41 所示。

（2）提示选择第二个实体，这里单击立方体，即获得两者相交部分，并保留圆柱体与立方体不相交部分。将圆柱体及立方体移动开，观察运算结果，如图 4-42 所示。

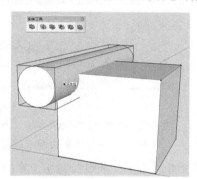

图 4-41　选择第一个实体（5）

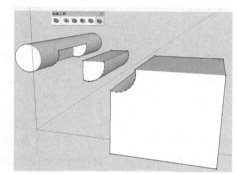

图 4-42　获得拆分结果

## 4.3.2　任务 1：制作烟灰缸

【任务描述】

本任务使用所学的"实体"工具，按照生活中的实际尺寸进行烟灰缸模型的制作，最终效果如图 4-43 所示（案例操作过程详见微课视频）。

制作烟灰缸

【任务实施】

下面对其操作过程进行详细介绍。

（1）打开 SketchUp，选择"建筑-毫米"模板。创建一

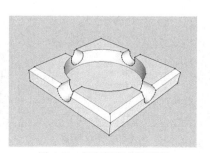

图 4-43　烟灰缸完成效果图

个矩形，尺寸为 120mm×120mm。启用"推/拉"工具，推拉距离为 25mm。

（2）启用"选择"工具，选择上方的 4 条边线，启用"移动"工具，垂直向下移动 5mm 复制出 4 条线段，如图 4-44 所示。

（3）在上一步的基础上，再向下移动 15mm 复制出 4 条线段，如图 4-45 所示。

（4）启用"选择"工具，选择顶面，启用"缩放"工具，按住 Ctrl 键对其进行缩放，缩放比例为 0.92，缩放顶面效果如图 4-46 所示。

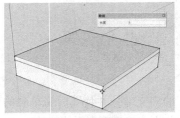
图 4-44　复制直线段

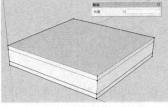
图 4-45　再次复制直线段

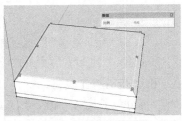
图 4-46　缩放顶面效果

（5）选择底面，使用相同的缩放比例对其进行缩放，如图 4-47 所示。

（6）启用"圆形"工具，捕捉顶面的中心点，绘制一个圆形（半径为 45mm）。启用"推/拉"工具，将其向下推 18mm，如图 4-48 所示。

（7）全选模型，单击鼠标右键，选择"创建群组"选项，让烟灰缸变成实体。

（8）启用"圆形"工具，在模型侧面捕捉边线中点绘制一个半径为 10mm 的圆形，如图 4-49 所示。

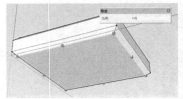

图 4-47　缩放底面

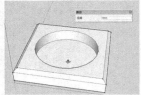
图 4-48　向下推 18mm

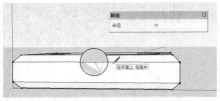
图 4-49　绘制半径为 10mm 的圆形

（9）将圆形创建成群组，双击进入圆形群组，启用"推/拉"工具，将其推拉出一定的长度，要超过烟灰缸主体的长度，如图 4-50 所示。

（10）启用"移动"工具，移动圆柱体，使其两端超出烟灰缸主体部分，如图 4-51 所示。

（11）启用"直线"工具，捕捉烟灰缸主体底面边线的中点，绘制两条直线段，如图 4-52 所示。

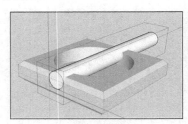
图 4-50　推拉圆形

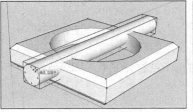
图 4-51　移动圆柱体

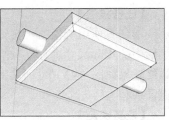
图 4-52　绘制两条直线段

（12）选择圆柱体，启用"旋转"工具，捕捉烟灰缸主体底面上两条直线段的交点，对圆柱体进行 90°旋转复制操作，如图 4-53 所示。

（13）删除烟灰缸主体底面上的两条直线段。

（14）单击"实体工具"工具栏中的"减去"按钮，提示选择第一个实体，我们选择圆柱体，然后提示选择第二个实体，我们选择烟灰缸主体部分，如图 4-54 所示。

（15）再次进行相同的操作，单击"减去"按钮后先选择圆柱体，再选择烟灰缸主体部分，这样烟灰缸即制作完成，如图 4-55 所示。

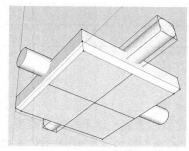 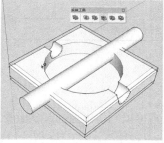 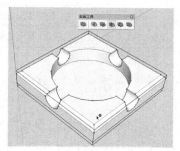

图 4-53　旋转复制圆柱体　　　　图 4-54　减去第一个圆柱体　　　　图 4-55　减去第二个圆柱体

【任务评价】

本任务完成情况由教师进行评价，评价标准如下表所示。

| 类别 | 评价标准 | 分数 | 获得分数 |
|---|---|---|---|
| 技术运用（40%） | 能够运用所学知识制作出烟灰缸模型 | 10 | |
| | 能够运用"实体"工具制作出凹槽 | 20 | |
| | 制作过程中能按照烟灰缸的实际尺寸，进行标准化建模 | 10 | |
| 制作效果（55%） | 整体制作效果好 | 20 | |
| | 模型比例符合任务标准，凹槽位置合理 | 20 | |
| | 细节内容表达清楚 | 15 | |
| 提交文档（5%） | 提交的图片视角合理且清晰 | 5 | |

## 4.3.3　任务拓展：制作圆形烟灰缸

【任务描述】

按照图 4-56 所示的效果图制作圆形烟灰缸模型，模板为"建筑-毫米"，参照生活中烟灰缸的实际尺寸进行制作。

【任务实施】

完成"任务 1：制作烟灰缸"后，按照所学内容，自行探索完成此任务。

【任务评价】

本任务完成情况由小组成员互评，评价标准如下表所示。

图 4-56　圆形烟灰缸模型完成效果图

| 类别 | 评价标准 | 分数 | 获得分数 |
|---|---|---|---|
| 技术运用（40%） | 能够运用所学知识制作出烟灰缸模型 | 10 | |
| | 能够运用"实体"工具制作出凹槽 | 20 | |
| | 制作过程中能按照烟灰缸的实际尺寸，进行标准化建模 | 10 | |
| 制作效果（55%） | 整体制作效果好 | 20 | |
| | 模型比例符合任务标准，凹槽位置合理，烟灰缸边缘切角弧度合理 | 20 | |
| | 细节内容表达清楚 | 15 | |
| 提交文档（5%） | 提交的图片视角合理且清晰 | 5 | |

## 4.3.4 "沙盒"工具

在 SketchUp 中，"沙盒"工具可以制作出曲面起伏效果，可以用来制作地形等场景模型。"沙盒"工具的调出方式为：单击"视图" > "工具栏"，勾选"沙盒"选项，即可弹出图 4-57 所示的"沙盒"工具栏。

"沙盒"工具栏中包括 7 种工具，从左至右分别为"根据等高线创建""根据网格创建""曲面起伏""曲面平整""曲面投射""添加细部""对调角线"。

图 4-57　"沙盒"工具栏

### 1．根据等高线创建

使用"根据等高线创建"工具的方法：先制作图 4-58 所示的等高线，全选所有的等高线，单击"沙盒"工具栏中的"根据等高线创建"按钮，即可创建图 4-59 所示的地形。

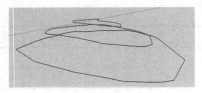

图 4-58　制作等高线

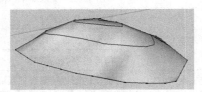

图 4-59　创建地形

### 2．根据网格创建

（1）单击"沙盒"工具栏中的"根据网格创建"按钮，在"栅格间距"输入框中输入单个网格的长度，然后按回车键。

（2）在绘图区单击确定绘制起点，然后拖动鼠标指针确定网格的宽度，单击确定，如图 4-60 所示。

（3）横向拖动鼠标指针，确定网格的长度，单击确定，如图 4-61 所示。

图 4-60　确定网格宽度

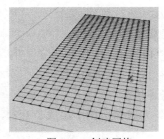

图 4-61　创建网格

### 3．曲面起伏

（1）用"根据网格创建"工具创建的网格默认为群组状态，双击进入组内，单击"曲面起伏"按钮。

（2）此时鼠标指针处显示的红色圆圈表示起伏影响的范围，修改"数值"输入框中的半径值，调整圆圈大小，然后按回车键，如图 4-62 所示。

（3）选择网格上的交点，按住鼠标左键并往上拖动，即可做出起伏的效果。此时可以适当调整半径大小，做出不同的起伏效果，如图 4-63 所示。

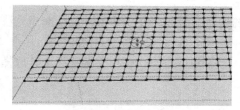
图 4-62　确定半径大小

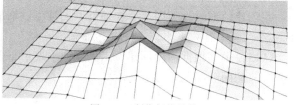
图 4-63　制作起伏效果

### 4．曲面平整

当需要将建筑物放置在起伏的地形上时，使用"曲面平整"工具可以在地形上生成平面以放置建筑物，具体制作方法如下。

（1）在地形中导入"素材 4-2 建筑物模型"，选择建筑物，单击鼠标右键，选择"分解"选项，方便后面选择建筑物的底面，如图 4-64 所示。

（2）取消选择建筑物，单击"曲面平整"按钮，单击建筑物的底面，即可出现一个矩形，该矩形表示会对下方地形产生影响的范围，如图 4-65 所示。

（3）单击地形，即可出现图 4-66 所示的平面，将其移动至建筑物底部即可，如图 4-67 所示。

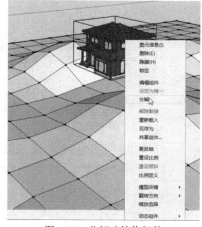
图 4-64　分解建筑物组件

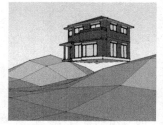
图 4-65　单击建筑物底面

图 4-66　出现平面

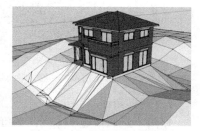
图 4-67　移动平面至建筑物底部

### 5．曲面投射

当场景中需要制作道路时，可以使用"曲面投射"工具在起伏的地形上快速制作道路，具体制作方法如下。

（1）单击"顶视图"，创建一个道路的平面模型，如图 4-68 所示。

（2）将道路平面模型移动至地形正上方，如图 4-69 和图 4-70 所示。

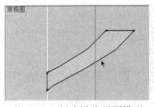
图 4-68　创建道路平面模型

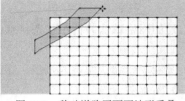
图 4-69　移动道路平面至地形重叠

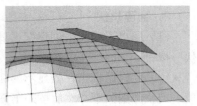
图 4-70　移动道路平面至地形正上方

（3）单击"曲面投射"工具，即可在地形上生成道路，删除道路平面模型，如图 4-71 所示。

**6．添加细部**

在创建地形时，使用"添加细部"工具可以增加细分面，使地形更加丰富，具体制作方法如下。

（1）使用"根据网格创建"工具制作出地形平面，双击进入群组，使用"选择"工具选择需要细分的面，如图 4-72 所示。

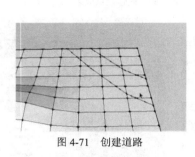
图 4-71　创建道路

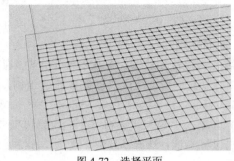
图 4-72　选择平面

（2）单击"添加细部"工具按钮，即可完成面的细分，如图 4-73 所示。

（3）使用"曲面起伏"工具对细分的面进行拉伸，制作出图 4-74 所示的起伏效果。

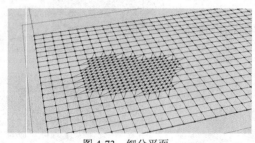
图 4-73　细分平面

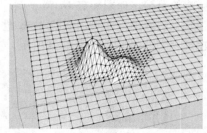
图 4-74　制作起伏效果

**7．对调角线**

使用"对调角线"工具，可以改变对角线的方向，从而使得地形的对角线符合地势。其操作方法为：单击"对调角线"工具按钮后，直接单击需要对调方向的对角线即可。

## 4.3.5　任务 2：制作地形

制作地形

**【任务描述】**

本任务使用所学的"沙盒"工具制作地形模型，最终效果如图 4-75 所示

（案例操作过程详见微课视频）。

**【任务实施】**

下面对其操作过程进行详细介绍。

（1）打开 SketchUp，选择"建筑-毫米"模板。单击"沙盒"工具栏中的"根据网格创建"工具，设置网格间距为 1000mm，并绘制一个尺寸为 37000mm×13000mm 的矩形。

（2）双击进入组内，用"沙盒"工具栏中的"曲面起伏"工具进行形状调整，制作出假山及湖泊。调整时根据需要更改半径。完成后，单击"窗口"，选择"柔化边线"选项，效果如图 4-76 所示。

图 4-75　地形模型效果图

（3）制作平面，将其放置在凹陷的湖泊位置，并向下移动一定的距离，用来作为湖水，如图 4-77 所示。

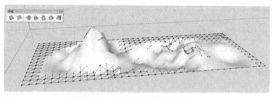

图 4-76　制作假山及湖泊

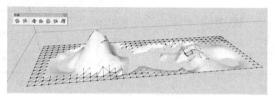

图 4-77　制作湖水

（4）单击"文件">"导入"，选择"素材 4-2 建筑物模型"。启用"缩放"工具缩小建筑物，并将其放置在小山坡上方。

（5）选择建筑物，单击鼠标右键，选择"分解"选项，方便后面选择底面。

（6）单击"沙盒"工具栏中的"曲面平整"工具，单击建筑物底面，再单击地形，调整整体造型高度，保持地形最上方端点捕捉到建筑物底部端点，如图 4-78 所示。

（7）选择组件，使用软件自带的"3D 常青树"组件，将其缩放后放置在地形中，如图 4-79 所示。

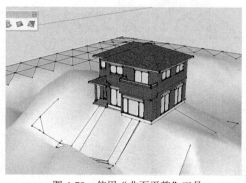

图 4-78　使用"曲面平整"工具

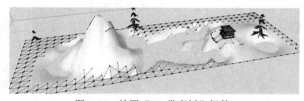

图 4-79　放置"3D 常青树"组件

（8）给湖泊及地形添加材质，效果如图 4-80 所示。

（9）单击"窗口">"样式"，选择"编辑"选项卡，去除边线，效果如图 4-81 所示。

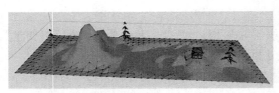

图 4-80　添加材质

图 4-81　去除边线

**【任务评价】**

本任务完成情况由教师进行评价，评价标准如下表所示。

| 类别 | 评价标准 | 分数 | 获得分数 |
|---|---|---|---|
| 技术运用（50%） | 能够运用所学知识制作出地形模型 | 20 | |
| | 能够制作出湖泊、小路，放置好房屋 | 30 | |
| 制作效果（45%） | 整体制作效果好，材质合理、恰当 | 15 | |
| | 模型比例符合任务标准 | 15 | |
| | 细节内容表达清楚 | 15 | |
| 提交文档（5%） | 提交的图片视角合理且清晰 | 5 | |

### 4.3.6　任务 3：制作假山

**【任务描述】**

本任务使用所学的"沙盒"工具和"素材4-3假山贴图"文件夹里面的贴图，进行假山模型制作，最终效果如图 4-82 所示。

**【任务实施】**

下面对其操作过程进行详细介绍。

（1）打开 SketchUp，选择"建筑-毫米"模板。选择"矩形"工具，绘制一个尺寸为6300mm×2500mm 的矩形。启用"推/拉"工具，将矩形推拉 500mm。

（2）启用"偏移"工具，将顶面偏移 300mm，再启用"推/拉"工具，将其向下推 90mm，如图 4-83 所示。

（3）制作侧面凹槽，效果如图 4-84 所示。

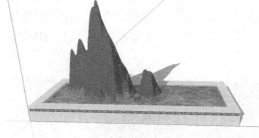

图 4-82　假山模型效果图

图 4-83　制作假山底座

图 4-84　制作侧面凹槽

（4）启用"沙盒"工具栏中的"根据网格创建"工具，设置网格间距为 50mm，沿着顶部凹槽绘制网格，效果如图 4-85 所示。

（5）双击进入组内，用"沙盒"工具栏中的"曲面起伏"工具进行形状调整，制作出假山及湖泊。调整时根据需要更改半径，效果如图 4-86 所示。

图 4-85　制作网格

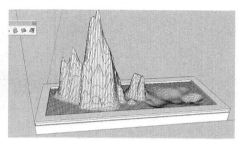

图 4-86　制作假山及湖泊

（6）制作平面，将其放置在凹陷的湖泊位置，并向下移动一定的距离，用来作为湖水，如图 4-87 所示。

（7）绘制平面，并将其放置在台面凹陷处，用来作为假山模型的水面。

（8）为假山模型添加材质与贴图，最终效果如图 4-88 所示。

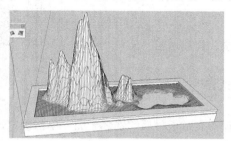

图 4-87　制作湖水

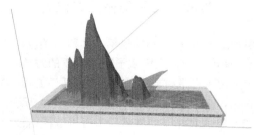

图 4-88　假山模型最终效果

【任务评价】

本任务完成情况由教师进行评价，评价标准如下表所示。

| 类别 | 评价标准 | 分数 | 获得分数 |
|---|---|---|---|
| 技术运用（50%） | 能够运用所学知识制作出假山模型 | 20 | |
| | 能够制作出湖泊、水面 | 30 | |
| 制作效果（45%） | 整体制作效果好，材质合理、恰当 | 15 | |
| | 模型比例符合任务标准 | 15 | |
| | 细节内容表达清楚 | 15 | |
| 提交文档（5%） | 提交的图片所选合理且清晰 | 5 | |

## 4.4　材质与贴图

在 SketchUp 中，"材质"工具可以给物体表面、组和组件添加材质效果，让物体看起来更加逼真。它是 SketchUp 中最具特色的工具之一，相比其他软件，SketchUp 中的"材质"工具具有"所见即所得"的特点，十分直观快捷。"材质"工具的调出方式为：单击"材质"图标 ⊘，即可弹出"材质"面板，如图 4-89 所示。

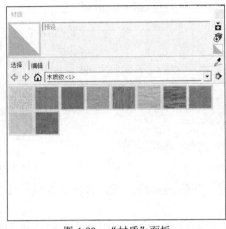

图 4-89 "材质"面板

### 4.4.1 "材质"工具的使用方法

SketchUp 的材质属性包括：名称、颜色、透明度、纹理贴图、尺寸大小等。

**1. 使用自带材质库赋予物体材质的方法**

（1）使用自带材质库。单击"材质"工具，在"选择"选项卡中单击"材质"下拉按钮，选择所需材质即可，如图 4-90 所示。

（2）单击选择一种材质，然后将鼠标指针放置在需要赋予材质的物体表面，单击确定，如图 4-91 所示。

图 4-90 选择材质

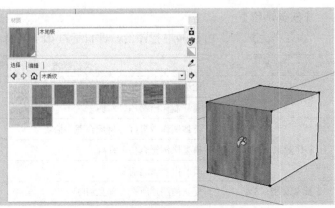

图 4-91 赋予材质

**2. 编辑材质**

（1）修改材质颜色。

① 单击"材质"面板的"编辑"选项卡，其中的"拾色器"有 4 种颜色系统：色轮、HLS（色相、亮度、饱和度）、HSB（色相、饱和度、明度）、RGB（红、绿、蓝），如图 4-92 所示。用户可

以根据需要选择相应的颜色系统，调整出想要的颜色。

② "拾色器"右侧的 3 个图标分别为："还原颜色更改""匹配模型中对象的颜色""匹配屏幕上的颜色"，如图 4-93 所示。

（2）修改纹理图像路径。

① 在"编辑"选项卡的"纹理"中，默认勾选了"使用纹理图像"选项，如果取消勾选该选项，则会清除纹理图像，只保留材质颜色，如图 4-94 所示。

② 如果需要重新添加纹理图像，则勾选"使用纹理图像"选项，单击"浏览"图标 ，将弹出"选择图像"对话框，如图 4-95 所示。选择需要的纹理图像，单击"打开"按钮，即可使用所选纹理图像，如图 4-96 所示。

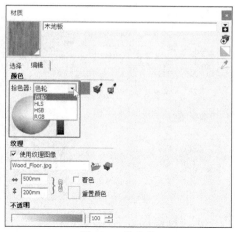

图 4-92  拾色器

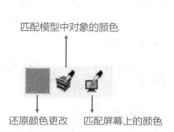

图 4-93  图标说明

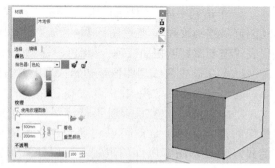

图 4-94  取消勾选

图 4-95  "选择图像"对话框

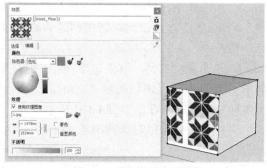

图 4-96  选择新的纹理图像

（3）修改纹理图像大小。

① 在图 4-96 的材质基础上修改纹理图像大小：修改"纹理"中的宽度值为"500mm"，因为默认锁定了图像高宽比，所以此时高度值同时变为"517mm"，并且纹理图像跟着发生改变，如图 4-97 所示。

② 如果单击"解除锁定图像高宽比"图标 ，则可以自由指定"纹理"的宽度与高度，如图 4-98 所示。

（4）调整纹理图像效果。

"材质"工具中的纹理图像可以手动进行调整，有两种调整模式："固定图钉"模式和"自由图钉"模式。

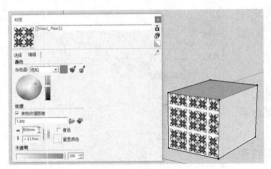

图 4-97　修改纹理宽度

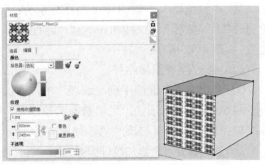

图 4-98　单击"解除锁定图像高宽比"图标

①"固定图钉"模式。

a. 给面赋予材质后，单击鼠标右键，选择"纹理">"位置"选项，如图 4-99 所示。

b. 单击确定后，切换到"固定图钉"模式，如图 4-100 所示。其中红色图标 代表"拖动图钉以移动纹理"，蓝色图标 代表"拖动图钉可调整纹理比例或修剪纹理"，黄色图标 代表"拖动图钉以扭曲纹理"，绿色图标 代表"拖动图钉可调整纹理比例或旋转纹理"。

c. 如果要恢复纹理图像至初始状态，单击鼠标右键，选择"重设"选项即可。

②"自由图钉"模式。

"固定图钉"模式有时不能满足用户对纹理图像的调整需求，这时可以切换到"自由图钉"模式，它没有图钉属性的限制，可以任意调整位置，具体操作方法如下。

a. 给面赋予材质后，单击鼠标右键，选择"纹理">"位置"选项，此时切换到默认的"固定图钉"模式。

b. 单击鼠标右键，取消勾选"固定图钉"选项，如图 4-101 所示，则切换到"自由图钉"模式，4个图标变成 4 颗图钉，如图 4-102 所示。

c. 拖动图钉可以对纹理图像进行自由移动。

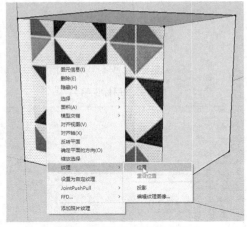

图 4-99　选择"位置"选项

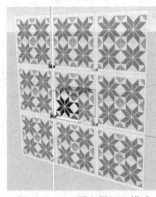

图 4-100　"固定图钉"模式　　　图 4-101　取消勾选"固定图钉"选项　　　图 4-102　"自由图钉"模式

（5）修改不透明度。

在"编辑"选项卡的"不透明"中，向左拖动滑块，则降低不透明度。物体透明度值越小越透明，若物体透明度值小于 70 则不能产生阴影，如图 4-103 所示。

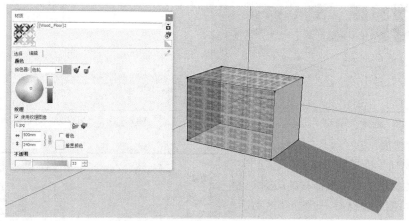

图 4-103　修改不透明度

### 3．创建材质

（1）当需要保存修改后的材质，或者新建材质时，单击"创建材质"图标 ，弹出"创建材质"对话框，如图 4-104 所示。在该对话框中可以修改材质名称、颜色、纹理、不透明度。单击"确定"按钮即可在本场景中保存该材质。

（2）单击"材质"面板的"选择"选项卡，单击"在模型中的材质"图标 ，面板中将显示已保存的"材质 1"，如图 4-105 所示。

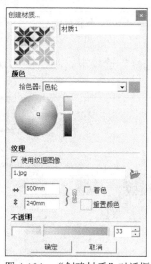

图 4-104　"创建材质"对话框

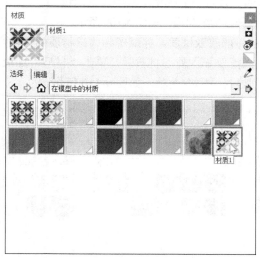

图 4-105　单击"在模型中的材质"图标

（3）用鼠标右键单击"材质 1"，选择"另存为"选项，如图 4-106 所示。弹出"另存为"对话框，选择相应的保存路径即可。需要注意的是，材质必须保存在文件夹中，下次才能导入新的 SketchUp 文件中，如图 4-107 所示，将"材质 1"保存在名为"新材质"的文件夹里。单击"保存"按钮即可完成材质的保存。

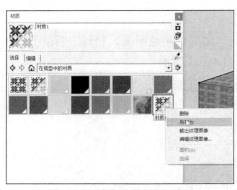

图 4-106  选择"另存为"选项

图 4-107  "另存为"对话框

### 4. 删除材质

单击"材质"面板的"选择"选项卡，在需要删除的材质上单击鼠标右键，选择"删除"选项，即可删除该材质，如图 4-108 所示。

### 5. 在模型中的材质显示

单击"在模型中的材质"图标 ⌂，当前场景中使用的材质都会显示出来。其中有些材质我们没有使用过但是出现在了列表中，这些是 SketchUp 默认的材质。材质图标缩略图右下角带有小三角形的，表示当前场景模型正在使用的材质；材质图标缩略图右下角没有小三角形的，表示当前模型场景中曾使用过但后来又被替换掉的材质，如图 4-109 所示。

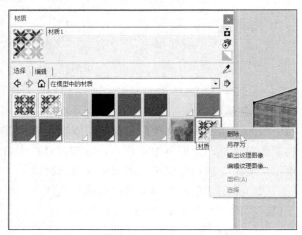

图 4-108  删除材质

### 6. 从外部获取材质，并赋予物体该材质的方法

（1）当需要导入外部材质时，单击"材质"面板中的"选择"选项卡，单击图标 ➡，选择"打开和创建材质库"选项，如图 4-110 所示。

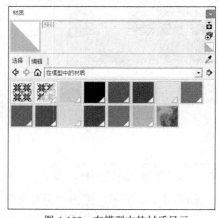

图 4-109  在模型中的材质显示

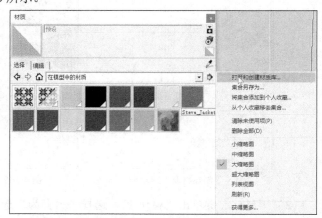

图 4-110  选择"打开和创建材质库"选项

（2）弹出"浏览文件夹"对话框，选择"新材质"文件夹，如图 4-111 所示。

（3）单击"确定"按钮，即可在"材质"面板中导入"新材质"文件夹中的"材质 1"，如图 4-112 所示。

（4）选择"材质 1"，单击将其赋予物体表面，即可完成外部材质的赋予。

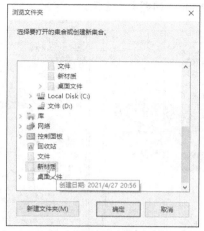

图 4-111　"浏览文件夹"对话框

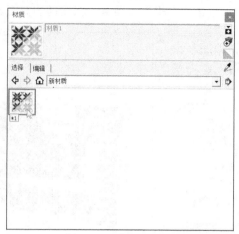

图 4-112　选择"材质 1"

## 4.4.2　任务 4：电视柜材质贴图

【任务描述】

本任务打开"素材 4-4 电视柜模型"，使用所学的"材质"工具进行电视柜材质贴图。最终效果如图 4-113 所示（案例操作过程详见微课视频）。

电视柜材质贴图

【任务实施】

下面对其操作过程进行详细介绍。

（1）打开 SketchUp，选择"建筑-毫米"模板，并导入"素材 4-4 电视柜模型"。

（2）单击"材质"工具，在"材质"面板中选择"木质纹"材质集，然后选择"原色樱桃木制纹"，如图 4-114 所示。

图 4-113　电视柜材质贴图最终效果图

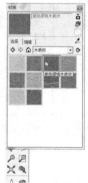

图 4-114　选择材质

（3）单击"编辑"选项卡，将材质宽度改为"30"，再将颜色明度调低，如图 4-115 所示。

（4）单击"创建材质"图标 🎨，弹出"创建材质"对话框，单击"确定"按钮，将材质保存。

（5）将已修改的材质赋予电视柜的外表面（部分），具体位置如图 4-116 所示。

（6）制作大理石材质，在"材质"面板中选择"石头"材质集，然后选择"灰色纹理石"，如图4-117所示。

（7）单击"编辑"选项卡，将纹理的宽度调整为"20"，如图4-118所示。

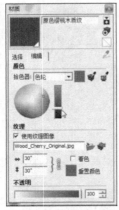

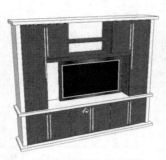

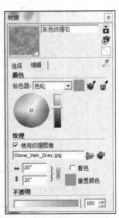

图4-115　编辑材质（1）　　　图4-116　赋予电视柜外　　图4-117　选择"灰色　图4-118　编辑材质（2）
　　　　　　　　　　　　　　表面木质材质　　　　　　纹理石"材质

（8）将已修改的材质赋予电视柜的其余面，具体位置如图4-119所示。

（9）给把手添加金属材质，在"材质"面板中选择"金属"材质集，然后选择"金属光亮波浪纹"，如图4-120所示。

（10）单击"编辑"选项卡，将纹理的宽度调整为"300"，如图4-121所示。

（11）将已修改的材质赋予把手及电视的金属部位，具体位置如图4-122所示。

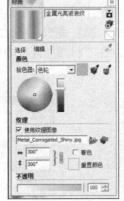

图4-119　赋予电视柜　　　图4-120　选择"金属　　图4-121　编辑材质（3）　　图4-122　赋予材质
　　　其余面材质　　　　　光亮波浪纹"材质

【任务评价】

本任务完成情况由教师进行评价，评价标准如下表所示。

| 类别 | 评价标准 | 分数 | 获得分数 |
| --- | --- | --- | --- |
| 技术运用（30%） | 能够运用所学知识对电视柜进行材质贴图 | 15 | |
| | 所选材质合理 | 15 | |

续表

| 类别 | 评价标准 | 分数 | 获得分数 |
|---|---|---|---|
| 制作效果（65%） | 整体制作效果好 | 25 | |
| | 材质贴图清晰，大小合理、恰当 | 20 | |
| | 材质具有细节及质感，电视柜整体感强 | 20 | |
| 提交文档（5%） | 提交的图片视角合理并且清晰 | 5 | |

## 4.4.3　任务 5：宣传栏材质贴图

【任务描述】

本任务为：打开"素材 4-5 宣传栏模型"，并使用"素材 4-6 宣传栏贴图"文件夹内的贴图，为模型添加材质与贴图，最终效果如图 4-123 所示。

图 4-123　宣传栏材质贴图最终效果图

【任务实施】

下面对其操作过程进行详细介绍。

（1）打开 SketchUp，选择"建筑-毫米"模板。导入"素材 4-5 宣传栏模型"，多次双击进入宣传海报面板群组。启用"材质"工具，单击"创建材质"按钮，如图 4-124 所示。

（2）弹出"创建材质"对话框，勾选"使用纹理图像"选项，弹出"选择图像"对话框，选择"素材 4-6 宣传栏贴图"文件夹。然后修改纹理图像大小为 3000mm×1687mm，如图 4-125 所示。

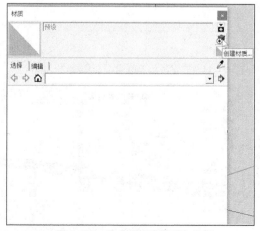

图 4-124　单击"创建材质"按钮

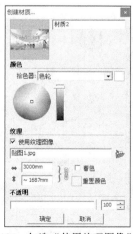

图 4-125　勾选"使用纹理图像"选项

（3）新建完材质后，单击宣传栏上对应的面，为其赋予材质，如图 4-126 所示。

（4）在模型贴图面上单击鼠标右键，选择"纹理">"位置"选项，切换成"固定图钉"模式，如图 4-127 所示。再次单击鼠标右键，勾选"固定图钉"，切换成"自由图钉"模式。然后移动 4 个图钉至宣传栏的 4 个角点，如图 4-128 所示。

（5）完成调整后，单击鼠标右键，选择"完成"选项，如图 4-129 所示。

图 4-126　赋予宣传栏材质

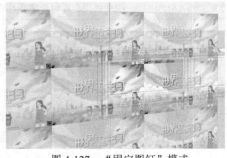

图 4-127　"固定图钉"模式

图 4-128　"自由图钉"模式

图 4-129　完成调整

（6）退出宣传海报面板群组，进入宣传栏框架群组，给宣传栏添加木质纹材质，选择"原色樱桃木质纹"。选择"编辑"选项卡，修改纹理大小为 500mm×500mm，并将材质颜色调深一些，如图 4-130 所示。

（7）给其他宣传栏框架也赋予相同的木质纹材质，效果如图 4-131 所示。

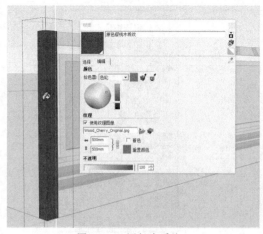

图 4-130　添加木质纹

图 4-131　赋予其他宣传栏框架木质纹材质

（8）给剩下的框架赋予金属材质，选择"粗糙金属"，如图 4-132 所示。

（9）使用相同的方法为右边的宣传栏海报面板赋予材质，最终效果如图 4-133 所示。

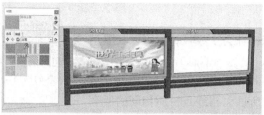

图 4-132　赋予剩余框架金属材质

图 4-133　最终效果

【任务评价】

本任务完成情况由教师进行评价，评价标准如下表所示。

| 类别 | 评价标准 | 分数 | 获得分数 |
|---|---|---|---|
| 技术运用（30%） | 能够运用所学知识对宣传栏进行材质贴图 | 15 | |
| | 所选材质及贴图合理 | 15 | |
| 制作效果（65%） | 整体制作效果好，材质贴图清晰 | 25 | |
| | 贴图大小符合海报面板大小 | 20 | |
| | 材质具有细节及质感，宣传栏整体感强 | 20 | |
| 提交文档（5%） | 提交的图片视角合理并且清晰 | 5 | |

## 4.4.4　任务拓展：家具组材质贴图

【任务描述】

打开"素材 4-7 家具组模型"，并使用"素材 4-8 家具组贴图"文件夹内的贴图文件，按照图 4-134 所示的效果图对家具组模型进行材质贴图。

【任务实施】

完成"任务 5：宣传栏材质贴图"后，按照所学内容，自行探索完成此任务。

【任务评价】

本任务完成情况由小组成员互评，评价标准如下表所示。

图 4-134　家具组材质贴图完成效果图

| 类别 | 评价标准 | 分数 | 获得分数 |
|---|---|---|---|
| 技术运用（30%） | 能够运用所学知识对家具组进行材质贴图 | 15 | |
| | 所选材质及贴图合理 | 15 | |
| 制作效果（65%） | 整体制作效果好，材质贴图清晰 | 25 | |
| | 材质色彩搭配合理 | 20 | |
| | 材质具有细节及质感，家具组整体感强 | 20 | |
| 提交文档（5%） | 提交的图片视角合理并且清晰 | 5 | |

### 4.4.5　特殊的贴图技巧

#### 1．材质赋予小技巧

（1）使用"材质"工具时，按住 Alt 键，鼠标指针会变成吸管，可以吸取当前模型场景中的材质（可吸取材质的方向、大小、坐标等信息），然后松开 Alt 键，可以赋予其他模型吸取的材质。

特殊的贴图技巧

（2）使用"材质"工具时，按住 Ctrl 键，与所选面相连且材质相同的所有面都会被同时赋予当前指定的材质。

（3）使用"材质"工具时，按住 Shift 键，用当前指定材质替换所有与所选面具有相同材质的面的材质。

#### 2．曲面贴图

上一小节学习了对平面进行材质贴图的方法，但是对曲面进行材质贴图时，贴图方法发生了改变。由于 SketchUp 中曲线由多条边线组成，因此一个曲面是由多个平面组成的。下面通过"任务 6：收纳罐材质贴图"介绍为曲面贴图的方法。

### 4.4.6　任务 6：收纳罐材质贴图

【任务描述】

本任务使用所学的"材质"工具，打开"素材 4-9 罐子模型"，并使用"素材 4-10 罐子贴图"文件，进行材质贴图，从而介绍为曲面贴图的两种方法，最终效果如图 4-135 所示（任务操作过程详见微课视频）。

收纳罐材质贴图

图 4-135　罐子材质贴图效果图

【任务实施】

下面对其操作过程进行详细介绍。

（1）打开"素材 4-9 罐子模型"，多次双击进入群组，直到能够选中收纳罐需要进行纹理贴图的表面，如图 4-136 所示。

（2）单击"材质"工具，选择一个颜色材质并赋予收纳罐表面。单击"编辑"选项卡，勾选"使用纹理图像"选项，弹出"选择图像"对话框，选择"贴图文件"，如图 4-137 所示。

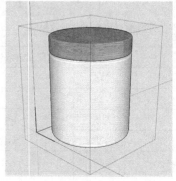

图 4-136　选中表面

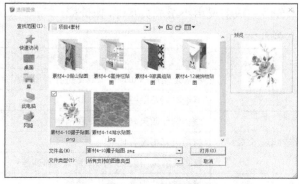

图 4-137　选择贴图

（3）此时纹理贴图错位，需要调整纹理贴图的位置。单击"视图"＞"隐藏物体"，收纳罐每个面的边线即显示出来，如图 4-138 所示。

（4）启用"选择"工具，选中收纳罐的任意一个曲面，单击鼠标右键，选择"纹理"＞"位置"选项，如图 4-139 所示。

（5）修改纹理贴图的大小，并将其调整至合适位置，如图 4-140 所示。

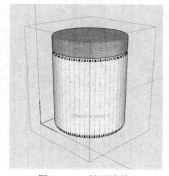

图 4-138　显示边线

图 4-139　修改纹理贴图位置

图 4-140　调整纹理贴图大小

（6）单击鼠标右键，选择"完成"选项。启用"材质"工具，按住 Alt 键，鼠标指针变成吸管，单击吸取刚才编辑的材质，松开 Alt 键，按照顺序将吸取的材质赋予收纳罐的其他面，最终效果如图 4-141 所示。如果只想有一个花卉图案，则在贴图时赋予其他面白色材质即可。

（7）单击"视图"＞取消"隐藏物体"，即可完成收纳罐的材质贴图，效果如图 4-142 所示。

图 4-141　赋予收纳罐修改后的材质

图 4-142　完成材质贴图

**【任务评价】**

本任务完成情况由教师进行评价，评价标准如下表所示。

| 类别 | 评价标准 | 分数 | 获得分数 |
|------|----------|------|----------|
| 技术运用（40%） | 能够运用所学知识对收纳罐进行曲面贴图 | 20 | |
| | 贴图位置合理 | 20 | |
| 制作效果（55%） | 整体制作效果好，材质贴图清晰 | 30 | |
| | 贴图完整，无错位 | 25 | |
| 提交文档（5%） | 提交的图片视角合理并且清晰 | 5 | |

### 4.4.7 任务拓展：装饰物材质贴图

**【任务描述】**

打开"素材 4-11 装饰物模型"，并使用"素材 4-12 装饰物贴图"文件夹内的贴图文件，按照图 4-143 所示的效果图对装饰物模型进行材质贴图。本任务材质的细节内容较多，需要不断调整，本任务可以培养读者对细节的把握能力及精益求精的工匠精神。

**【任务实施】**

完成"任务 6：收纳罐材质贴图"后，按照所学内容，自行探索完成此任务。

**【任务评价】**

本任务完成情况由小组成员互评，评价标准如下表所示。

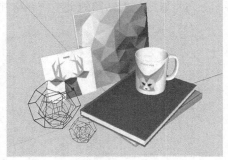

图 4-143 装饰物材质贴图完成效果图

| 类别 | 评价标准 | 分数 | 获得分数 |
| --- | --- | --- | --- |
| 技术运用（30%） | 能够运用所学知识对装饰物进行材质贴图 | 15 | |
| | 所选材质及贴图合理 | 15 | |
| 制作效果（65%） | 整体制作效果好，材质贴图清晰 | 15 | |
| | 材质色彩搭配合理 | 15 | |
| | 杯子贴图完整，无错位 | 25 | |
| | 材质具有细节及质感，整体感强 | 10 | |
| 提交文档（5%） | 提交的图片视角合理并且清晰 | 5 | |

## 4.5 SketchUp 场景效果制作工具

### 4.5.1 "相机"工具栏

关于 SketchUp 的"相机"工具栏，在项目 1 的"1.4.1 子任务 1：视图操作"中介绍了其中的 6 个工具，接下来介绍剩余 3 个工具，这 3 个工具分别是"定位相机"工具、"绕轴旋转"工具、"漫游"工具，如图 4-144 所示。

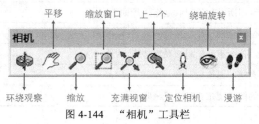

图 4-144 "相机"工具栏

### 1. "定位相机"工具与"绕轴旋转"工具

（1）单击"定位相机"工具按钮，将鼠标指针移动至目标放置点，然后单击确定，如图 4-145 所示。

图 4-145　放置相机

（2）此时，在"数值"输入框中可以进行视点高度的设置，输入"1600.0mm"，按回车键，如图 4-146 所示。

图 4-146　设置视点高度

（3）完成视点高度的设置后，会自动启用"绕轴旋转"工具，拖动鼠标指针即可进行视角的转换，如图 4-147 所示。

图 4-147　转换视角

### 2. "漫游"工具

"漫游"工具可以模拟观察者移动的状态，生成连续变化的漫游动画。启用"漫游"工具后，按住鼠标左键向前移动即可实现前进，向后移动即可实现后退。按住 Shift 键的同时按住鼠标左键向前移动即可实现上移，向后移动即可实现下移。

### 4.5.2 "场景"工具

"场景"工具用来保存相机视图及生成动画。调出"场景"面板的方法为：单击"窗口" > "场景"。"场景"面板中各按钮的介绍如图 4-148 所示。"场景"面板的使用方法详见微课视频。

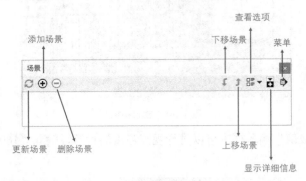

图 4-148 "场景"面板

### 4.5.3 "雾化"工具

"雾化"工具可以给环境营造起雾的效果，具体操作方法如下。

（1）打开"素材 4-12 船模型"，启用"矩形"工具建立一个矩形，并将其推拉成体，作为湖水模型。

（2）给湖水模型添加水材质，纹理贴图为"素材 4-13 湖水贴图"，效果如图 4-149 所示。

（3）单击"窗口" > "样式"，切换到"编辑"选项卡，单击第三个图标，将"天空"和"底面"勾选，之后修改天空和地面的颜色，天空为蓝色，地面为深灰色，如图 4-150 所示。

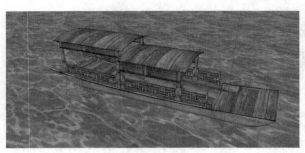

图 4-149 添加水材质

图 4-150 修改样式

（4）单击"窗口" > "雾化"，在"雾化"面板中修改雾化参数，其中左边的滑块用于调整雾化效果距离视点的远近，右边的滑块用于调整雾化效果的浓度，调整结果如图 4-151 所示。

（5）调整视角，最终效果如图 4-152 所示。

图 4-151　调整雾化参数

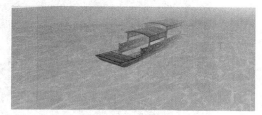

图 4-152　最终效果

## 4.6 项目小结及课后作业

### 项目小结

本项目对 SketchUp 中的高级工具进行了详细介绍，通过烟灰缸、地形、假山、电视柜材质贴图等任务，让读者灵活掌握这些工具的使用方法。本项目的学习难度相比"项目 3　SketchUp 基本工具的使用"要大一些，希望读者在进行学习时能够举一反三，灵活运用这些工具进行其他三维模型的制作。

### 课后作业

**1. 单选题**

（1）SketchUp 中，下列可以显示当前选择物体所在的图层的操作是（　　）。

A. 单击"窗口" > "模型信息"　　　　　B. 单击"窗口" > "图元信息"

C. 单击"窗口" > "使用偏好"　　　　　D. 单击"窗口" > "图层"

（2）下列可以作为镂空贴图的图片格式是（　　）。

A. PNG　　　　　　　B. JPG　　　　　　　C. TIF　　　　　　　D. PSD

**2. 多选题**

（1）创建组件时，组件的对齐方式有（　　）。

A. 水平　　　　　　　B. 垂直　　　　　　　C. 倾斜　　　　　　　D. 所有

（2）在调整纹理贴图时，在绿色点处可以进行（　　）操作。

A. 移动贴图位置　　　B. 缩放贴图　　　　　C. 旋转贴图　　　　　D. 扭曲贴图

（3）下列可以插入组件的方法是（　　）。

A. 单击"文件" > "导入"　　　　　　　B. 直接从资源管理器拖放到绘图窗口

C. 单击"工具" > "组件"　　　　　　　D. 单击"绘图" > "组件"

**3. 操作题**

（1）对图 4-153 所示家具进行材质贴图。

图 4-153　家具材质贴图

（2）运用本项目所学工具制作校园一角的风景。

案例模块

# 项目 5

# SketchUp 在室内设计中的运用

**项目导航**

本项目主要介绍 SketchUp 在室内设计中的运用，包括模型制作及后期处理。通过现代轻奢室内空间设计任务案例的制作，读者能够轻松掌握室内空间设计的整体框架制作、门窗制作及家具制作的方法；最后结合 Photoshop 进行效果图的后期处理，并用 SketchUp 导出制作的场景展示动画，读者可以为客户进行全方面的室内设计成果展示。本项目可以为读者在今后的设计工作中提供宝贵的实战经验。

**知识目标**

- 了解 SketchUp 室内设计方法。
- 了解 SketchUp 室内基本框架制作方法。
- 了解 SketchUp 门窗、地板及踢脚线制作方法。
- 了解 SketchUp 家具制作方法。
- 了解室内设计模型材质处理及效果图后期处理方法。

**技能目标**

- 掌握 SketchUp 进行室内设计模型制作的方法。
- 熟练使用 Photoshop 进行后期处理。
- 掌握室内设计方案最终成果的展示方法。

**素养目标**

- 了解室内设计方法，对本行业主要工作内容及设计流程有整体认识；并且读者通过多阶段任务案例的实际操作培养行业规范意识。
- 本项目重点培养读者的动手实践能力及良好的审美修养。

## 5.1　SketchUp 室内设计方法概述

在使用 SketchUp 进行室内设计之前，首先需要确定房屋的设计风格，根据设计风格、户型结构、尺寸等因素确定家具的样式和装饰物的摆放位置；其次在 SketchUp 中导入 AutoCAD 文件或者户型图纸，将空间框架及家具模型制作出来；再次根据所选定的设计风格，对家具及装饰物进行材质贴图，完成整个室内空间的设计制作；最后在效果展示环节可以使用的展示方式非常多。例如，使用 Photoshop 制作手绘效果图；使用 V-Ray 渲染软件或 Enscape 制作整个空间的渲染效果图；也可以使用 SketchUp 制作整个户型的漫游动画，全方位立体展示整个室内空间的设计。

## 5.2　现代轻奢室内空间案例

本节使用 SketchUp 制作现代轻奢风格的室内空间，包括客厅、餐厅、两个卧室、两个阳台及卫生间和厨房。图 5-1 所示为户型平面图，图 5-2 所示为最终效果展示图。通过本案例，读者可以了解室内设计技巧及模型制作方法，对本行业主要工作内容及设计流程有一个整体认识，并且本案例将通过多阶段任务案例的操作培养读者的行业规范意识。

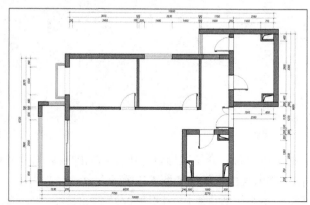

图 5-1　户型平面图

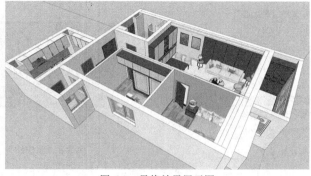

图 5-2　最终效果展示图

本案例的模型制作包括 11 个环节，主要用于培养读者的动手实践能力及良好的审美修养。

（1）制作墙体。在 SketchUp 中导入 AutoCAD 图纸，调整图纸大小后，使用绘制工具绘制墙体平面，最后推拉出墙体造型，效果如图 5-3 所示。

（2）根据 AutoCAD 图纸，制作出墙体上的门窗洞、地板及门槛，效果如图 5-4 所示。

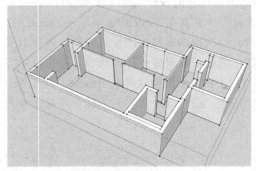
图 5-3　制作墙体

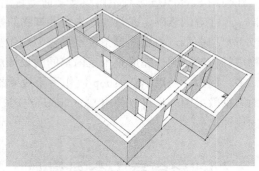
图 5-4　制作门窗洞、地板及门槛

（3）制作门套及踢脚线，效果如图 5-5 所示。

（4）制作门窗。这个环节包括制作大门处的子母门、阳台推拉门、卧室门、阳台推拉窗及其他窗户部分，如图 5-6 所示。

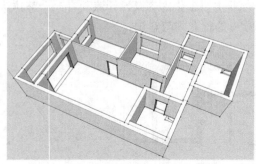
图 5-5　制作门套及踢脚线

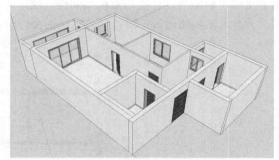
图 5-6　制作门窗

（5）制作电视柜。这个环节首先介绍室内设计中电视柜的设计尺寸要求，其次针对本案例户型使用 SketchUp 制作一款电视柜，效果如图 5-7 所示。

（6）制作沙发背景墙。本案例适合制作一款墙面分割式的沙发背景墙，如图 5-8 所示。

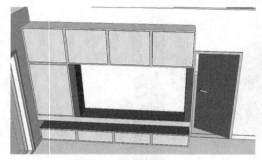
图 5-7　制作电视柜

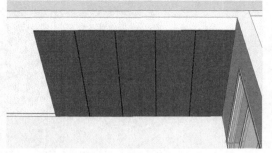
图 5-8　制作沙发背景墙

（7）制作其他柜子。这个环节包括制作鞋柜、酒柜、衣柜这些定制柜子，根据户型的不同，这些柜子大多会采用定制的形式，定制的柜子更加符合每个户型的尺寸需求，效果如图 5-9 ～图 5-11 所示。

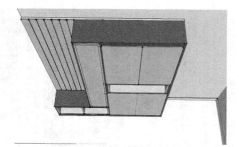

图 5-9　制作鞋柜

图 5-10　制作酒柜

（8）针对客厅、餐厅、过道及卧室空间调整模型材质及合并素材文件，效果如图 5-12 所示。

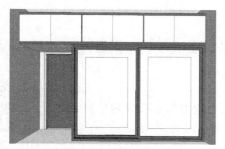

图 5-11　制作衣柜

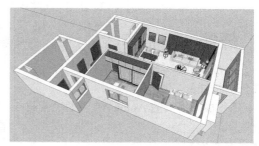

图 5-12　完成部分空间

（9）制作其他几个空间。此环节为选修部分，由读者根据效果图自行制作，如图 5-13～图 5-15 所示。

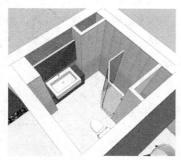

图 5-13　厕所空间

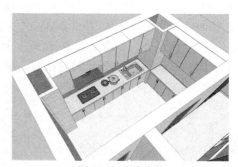

图 5-14　厨房空间

（10）使用 SketchUp 及 Photoshop 进行手绘效果图的后期处理，效果如图 5-16 和图 5-17 所示。

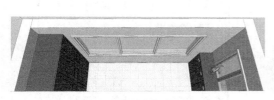

图 5-15　阳台空间手绘效果图

图 5-16　客厅手绘效果图

（11）针对户型特点进行室内场景漫游动画的制作，即制作从大门至过道、餐厅、客厅的漫游动画，如图5-18所示。读者练习时需要自行设计一条展示多空间的漫游路径。

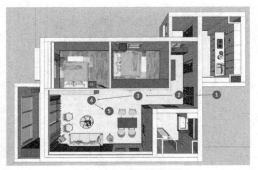

图 5-17　卧室手绘效果图　　　　　　　　　　图 5-18　场景漫游路径图

## 5.3　任务 1：制作墙体

### 【任务描述】

本任务根据提供的 AutoCAD 文件"素材 5-1 平面布置图"，制作室内框架中的墙体。

制作墙体

### 【任务实施】

下面对其操作过程进行详细介绍。

（1）打开 SketchUp，选择"建筑-毫米"模板。

（2）单击"文件" > "导入"，选择 AutoCAD 文件"素材 5-1 平面布置图"，效果如图5-19所示。

（3）此时需要调整导入的 AutoCAD 文件素材的比例，因此启用"测量"工具，分别单击主卧室门的两个端点处，如图5-20 和图5-21 所示。然后在"数值"输入框中直接输入900mm，按回车键。此时出现图5-22 所示的对话框，单击"是"按钮，即可完成比例调整。

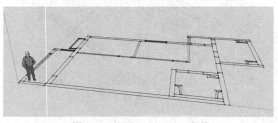

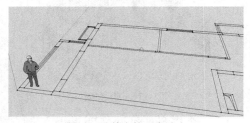

图 5-19　导入 AutoCAD 文件　　　　　　　　　图 5-20　单击第一个端点

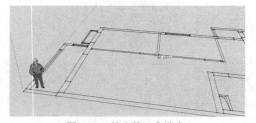

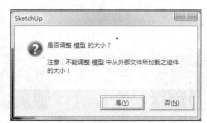

图 5-21　单击第二个端点　　　　　　　　　　图 5-22　模型调整对话框

（4）切换至"顶视图"，启用"选择"工具，选择图纸后单击鼠标右键，选择"锁定"选项，把图纸锁定。

（5）启用"直线"工具，先单击推拉门内墙体的端点，如图 5-23 所示。然后沿着图纸内轮廓线捕捉端点以绘制墙体线段。重点注意：遇到窗户、门、飘窗等时，一定要单击其两个端点，以绘制出其线段。图 5-24 和图 5-25 所示为绘制大门时单击的位置。

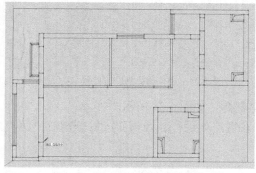

图 5-23　单击推拉门内墙体的端点

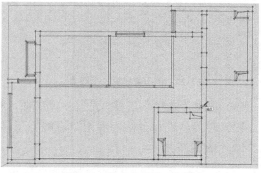

图 5-24　单击大门第一个端点

（6）完成墙体内轮廓线的绘制后会自动生成一个面，如图 5-26 所示。

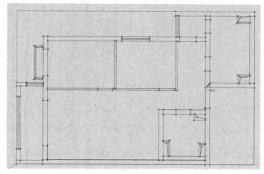

图 5-25　单击大门第二个端点

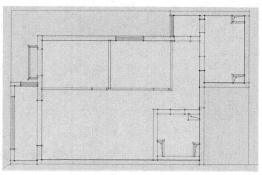

图 5-26　墙体内轮廓线绘制完成

（7）绘制墙体外轮廓线，从图 5-27 所示的端点处开始绘制。绘制时注意需要单击窗户的端点处，如图 5-28 和图 5-29 所示。绘制完成后，会自动生成一个面，如图 5-30 所示。

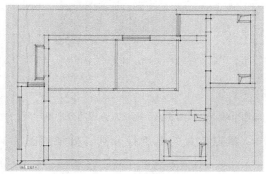

图 5-27　墙体外轮廓线端点

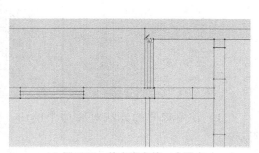

图 5-28　单击窗户第一个端点

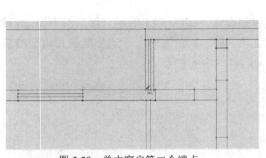

图 5-29　单击窗户第二个端点

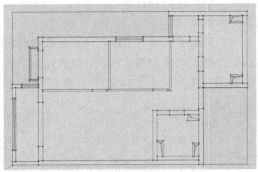

图 5-30　墙体外轮廓线绘制完成

（8）启用"选择"工具，选择中间的面，将其删除，如图 5-31 所示。

（9）对墙体进行分割，启用"直线"工具，在窗户处进行补线操作，以分割窗户面，如图 5-32～图 5-35 所示。

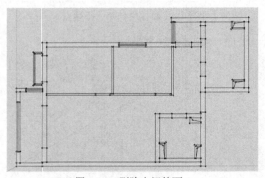

图 5-31　删除中间的面

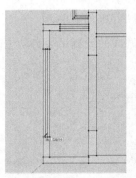

图 5-32　绘制第一个端点

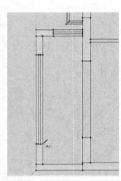

图 5-33　绘制第二个端点

（10）启用"选择"工具，单击窗户面，确认是否已经成功分割该面，如图 5-36 所示。

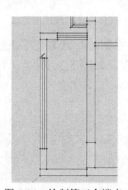

图 5-34　绘制第三个端点

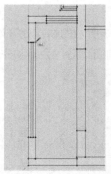

图 5-35　绘制第四个端点

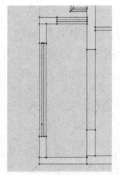

图 5-36　确认是否成功分割窗户面

（11）使用相同的方法对墙体中的门、窗户、飘窗位置的面进行分割，效果如图 5-37 所示。

（12）启用"选择"工具，捕捉厕所内墙体的端点进行绘制，注意厕所内墙体的内外线段都要绘制出来，绘制完成后会在中间自动生成面，如图 5-38 所示。

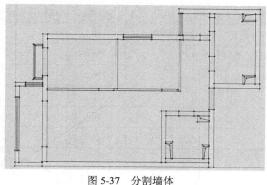

图 5-37　分割墙体

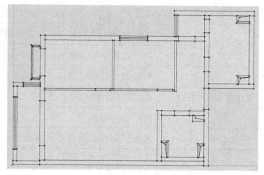

图 5-38　绘制厕所内墙体

（13）启用"选择"工具，删除多余的面，效果如图 5-39 所示。启用"直线"工具，对厕所门及内部墙体进行补线，以分割平面，效果如图 5-40 所示。

（14）使用相同的方法绘制出其他内墙体，并删除门及窗户的面，最终效果如图 5-41 所示。

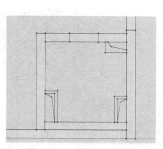

图 5-39　删除多余的面

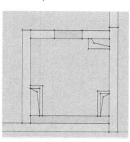

图 5-40　分割平面

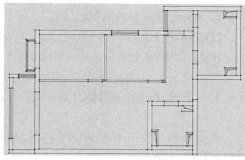

图 5-41　内墙体的最终效果

（15）因为此时墙体面为蓝色，说明面是反的，所以需要将面进行翻转。启用"选择"工具，全选所有的墙体面，单击鼠标右键，选择"反转平面"选项。然后再次单击鼠标右键，选择"创建群组"选项，如图 5-42 所示。

（16）双击进入墙体群组内，启用"推/拉"工具，推拉距离为 2800mm，再双击其他墙体面，最终效果如图 5-43 所示。

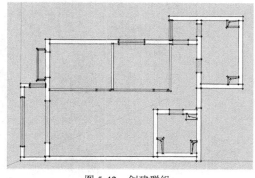

图 5-42　创建群组

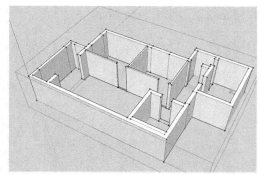

图 5-43　推拉结果

【任务评价】

本任务完成情况由教师进行评价，评价标准如下表所示。

| 类别 | 评价标准 | 分数 | 获得分数 |
|------|----------|------|----------|
| 技术运用（55%） | 能够运用所学知识制作出墙体模型，并能将它们创建成群组 | 30 | |
| | 制作过程中能按照 AutoCAD 文件图纸，进行标准化绘制 | 25 | |
| 制作效果（40%） | 整体制作效果好 | 20 | |
| | 模型比例符合任务标准 | 10 | |
| | 细节表达清楚 | 10 | |
| 提交文档（5%） | 提交的图片视角合理且清晰 | 5 | |

## 5.4 任务 2：制作门窗洞及地板

**【任务描述】**

本任务用 SketchUp 在之前制作的墙体模型的基础上制作门窗洞及地板，任务详细内容包括制作门洞及窗户洞、地板和门槛。

**【任务实施】**

按照下面的子任务分步制作模型。

### 5.4.1 子任务 1：制作门洞及窗户洞

本子任务制作室内框架中的门洞及窗户洞，下面对其操作过程进行详细介绍。

（1）打开上一节的模型继续进行制作，先制作大门门洞。启用"选择"工具，双击进入墙体群组，选择下方直线段，如图 5-44 所示。

（2）启用"移动"工具，按住 Ctrl 键移动复制直线段，移动距离为 2200mm，如图 5-45 所示。

（3）启用"推/拉"工具，将中间的面向里推以制作镂空效果，如图 5-46 所示。

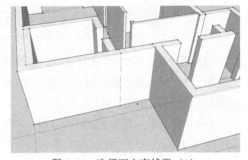

图 5-44　选择下方直线段（1）

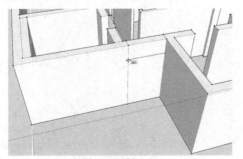

图 5-45　移动复制直线段（1）

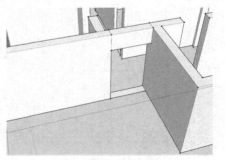

图 5-46　制作镂空效果（1）

（4）制作推拉门门洞。启用"选择"工具，选择下方直线段，如图 5-47 所示。启用"移动"工具，按住 Ctrl 键移动复制直线段，移动距离为 2200mm，如图 5-48 所示。

图 5-47　选择下方直线段（2）

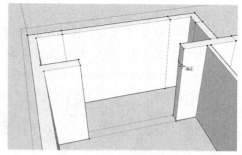
图 5-48　移动复制直线段（2）

（5）启用"推/拉"工具，选择上方的面，将其向左推，一直推至左侧墙面处，最终效果如图 5-49 所示。

（6）制作卧室门门洞。启用"选择"工具，选择下方直线段，启用"移动"工具，按住 Ctrl 键移动复制直线段，移动距离为 2000mm，如图 5-50 所示。

（7）启用"推/拉"工具，选择上方的面，将其向右推，一直推至右侧墙面处，最终效果如图 5-51 所示。

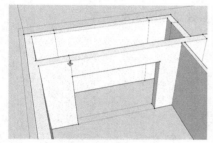
图 5-49　推拉墙体（1）

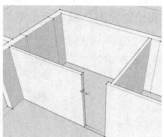
图 5-50　移动复制直线段（3）

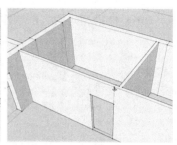
图 5-51　推拉墙体（2）

（8）其他卧室门、厕所门、厨房门、生活阳台门的门洞都使用相同的方法进行制作，门洞高度为 2000mm，最终效果如图 5-52 所示。

（9）制作窗户洞。先制作生活阳台与过道之间的窗户洞，启用"推/拉"工具，选择左侧的面，按住 Ctrl 键将其向右推至墙面，如图 5-53 所示。

（10）启用"选择"工具，选择下方直线段，启用"移动"工具，按住 Ctrl 键移动复制直线段，移动距离为 1200mm，再次移动复制直线段，移动距离为 1200mm，如图 5-54 所示。

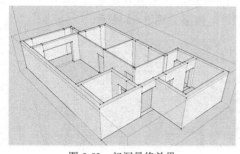
图 5-52　门洞最终效果

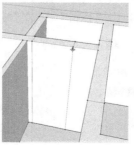
图 5-53　推拉墙体（3）

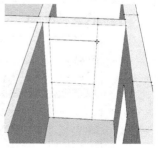
图 5-54　移动复制直线段（4）

（11）旋转视图至背面，使用相同的方法分别向上移动 1200mm 复制出直线段，如图 5-55

所示。

（12）启用"推/拉"工具，推拉中间的面，制作出镂空效果，如图 5-56 所示。

（13）制作外墙的窗户洞。切换到卧室窗户的视角，启用"选择"工具，选择下方直线段，按住 Ctrl 键，向上移动 900mm，然后再移动 1500mm，以复制直线段，如图 5-57 所示。

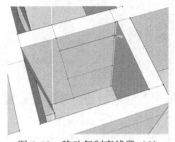  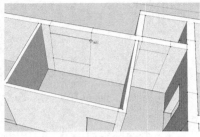

图 5-55　移动复制直线段（5）　　　图 5-56　制作镂空效果（2）　　　图 5-57　移动复制直线段（6）

（14）旋转视图至背面，使用相同的方法向上移动 900mm，然后再移动 1500mm，以复制直线段，如图 5-58 所示。

（15）启用"推/拉"工具，推拉中间的面，制作出镂空效果，如图 5-59 所示。

（16）使用相同的方法制作其他窗户洞，最后退出群组，效果如图 5-60 所示。

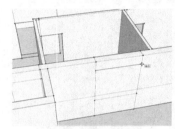 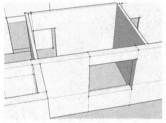 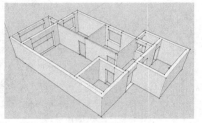

图 5-58　移动复制直线段（7）　　　图 5-59　制作镂空效果（3）　　　图 5-60　效果图

### 5.4.2　子任务 2：制作地板及门槛

本子任务制作地板及门槛，下面对其操作过程进行详细介绍。

（1）打开上一小节的模型继续进行制作，先打开"图层"面板，新建图层，修改图层名称为"地板及踢脚线"，并将其设置为当前图层，如图 5-61 所示。

（2）切换到"顶视图"，单击"相机"＞"平行投影"，效果如图 5-62 所示。

制作地板及门槛

 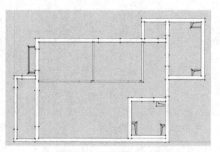

图 5-61　新建图层　　　　　　　　图 5-62　平行投影视角

（3）启用"选择"工具，在阳台处绘制地板平面，然后单击"相机"＞"透视图"，移动视角，效果如图 5-63 所示。

（4）启用"选择"工具，双击选择地板平面。切换至"X 光透视模式"，效果如图 5-64 所示。

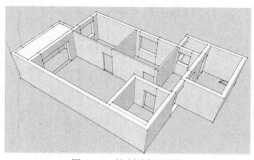

图 5-63　绘制地板平面

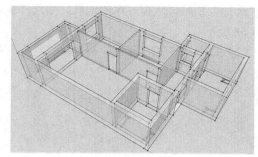

图 5-64　切换"X 光透视模式"

（5）启用"移动"工具，捕捉地板平面的端点，将其移动至外墙端点处，如图 5-65 所示。

（6）启用"矩形"工具，绘制门槛，退出"X 光透视模式"，效果如图 5-66 所示。

（7）使用相同的方法制作其他的地板及门槛，并将它们创建成群组，最终效果如图 5-67 所示。

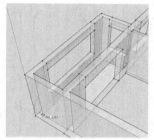

图 5-65　移动平面

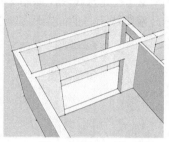

图 5-66　绘制门槛

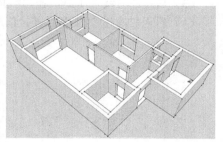

图 5-67　最终效果

【任务评价】

本任务完成情况由教师进行评价，评价标准如下表所示。

| 类别 | 评价标准 | 分数 | 获得分数 |
| --- | --- | --- | --- |
| 技术运用（55%） | 能够运用所学知识制作出门洞、窗户洞、地板、门槛模型，并且能将它们创建成群组 | 40 | |
| | 能够按要求进行标准化建模 | 15 | |
| 制作效果（40%） | 整体制作效果好 | 20 | |
| | 模型比例符合任务标准 | 10 | |
| | 细节表达清楚 | 10 | |
| 提交文档（5%） | 提交的图片视角合理且清晰 | 5 | |

## 5.5　任务 3：制作踢脚线及门套

【任务描述】

本任务在之前制作的模型的基础上制作踢脚线及门套。

【任务实施】

下面对其操作过程进行详细介绍。

（1）打开上一节的模型继续进行制作，先双击进入地板及踢脚线群组，启用"选择"工具，选择客厅的地板，启用"偏移"工具，将其偏移 10mm，如图 5-68 所示。

制作踢脚线及门套

（2）启用"推拉"工具，推拉踢脚线面，推拉距离为 100mm，如图 5-69 所示。

图 5-68　偏移客厅的地板　　　　　　　　　　图 5-69　推拉踢脚线面

（3）启用"直线"工具，在门洞踢脚线处补充直线段，如图 5-70 所示。

（4）启用"推/拉"工具，推拉门洞处踢脚线上方的面至底部，如图 5-71 所示。

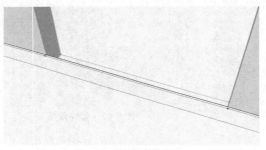
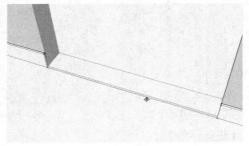

图 5-70　补充直线段　　　　　　　　　　　　图 5-71　推拉面

（5）删除多余的线段，如图 5-72 所示。

（6）使用相同的方法对其他门洞踢脚线进行补线及推拉操作，最终效果如图 5-73 所示。

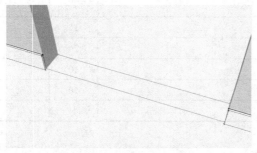
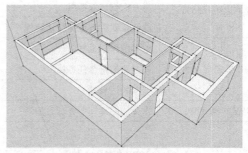

图 5-72　删除多余线段　　　　　　　　　　　图 5-73　所有踢脚线制作完成

（7）制作门套。先新建一个图层，命名为"门套"，并将其设置为当前图层。

（8）启用"矩形"工具，捕捉推拉门门洞端点绘制矩形，注意不要捕捉到踢脚线端点，如图 5-74 和图 5-75 所示。

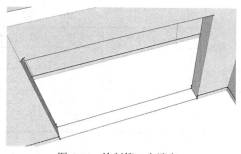

图 5-74　绘制第一个端点

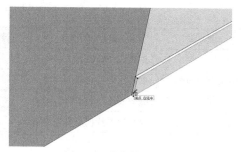

图 5-75　绘制第二个端点

（9）启用"选择"工具，选择平面，单击鼠标右键，选择"反转平面"选项。

（10）双击选择平面，将其创建为群组。双击进入群组，启用"选择"工具，选择上方及左右的线段，启用"偏移"工具，偏移距离为 50mm，如图 5-76 所示。

（11）删除中间的面及下方线段，如图 5-77 所示。

（12）启用"推/拉"工具，推拉门套面至与墙体平齐，如图 5-78 所示。

图 5-76　偏移平面

图 5-77　删除面及下方线段

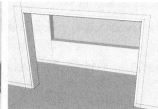

图 5-78　推拉门套面至与墙体平齐

（13）接着推拉门套面至与踢脚线面平齐，如图 5-79 所示。注意门套背面也需要推拉至与踢脚线平齐。

（14）使用相同的方法制作其他门的门套，并赋予它们棕色材质以便区分，最终效果如图 5-80 所示。

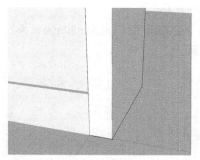

图 5-79　推拉门套面至与踢脚线面平齐

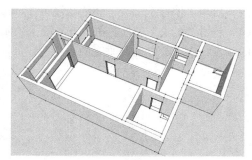

图 5-80　制作其他门套

## 【任务评价】

本任务完成情况由教师进行评价，评价标准如下表所示。

| 类别 | 评价标准 | 分数 | 获得分数 |
| --- | --- | --- | --- |
| 技术运用（55%） | 能够运用所学知识制作出踢脚线及门套模型，且能将它们创建成群组 | 40 | |
| | 能够按要求进行标准化建模 | 15 | |

续表

| 类别 | 评价标准 | 分数 | 获得分数 |
|------|----------|------|----------|
| 制作效果（40%） | 整体制作效果好 | 20 | |
| | 模型比例符合任务标准 | 10 | |
| | 细节表达清楚 | 10 | |
| 提交文档（5%） | 提交的图片视角合理且清晰 | 5 | |

## 5.6 任务 4：制作门窗

### 【任务描述】

本任务用 SketchUp 在之前制作的墙体模型的基础上制作门窗，任务详细内容包括制作子母门、阳台推拉门、室内门、推拉窗及其他窗户。

### 【任务实施】

按照下面的子任务分步制作模型。

制作子母门

### 5.6.1 子任务 1：制作子母门

本子任务制作子母门，下面对其操作过程进行详细介绍。

（1）打开上一节的模型继续进行制作，先新建图层，命名为"门窗"，并将其设置为当前图层。

（2）启用"矩形"工具，捕捉门套端点绘制矩形，并将其创建成群组，双击进入群组，如图 5-81 所示。

（3）启用"推/拉"工具，将矩形向里推 50mm。启用"选择"工具，选择中间面上方及左右线段，启用"偏移"工具，偏移距离为 20mm，如图 5-82 所示。

（4）启用"直线"工具，在上方线段上绘制直线段，两条线段的距离为 350mm，捕捉此直线段的端点，向下绘制与其垂直的直线段，如图 5-83 所示。

图 5-81　创建群组

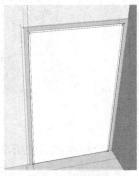
图 5-82　偏移线段

图 5-83　绘制垂直直线段

（5）在垂直直线段右侧 10mm 处绘制垂直直线段，如图 5-84 所示。删除中间的线段，如图 5-85 所示。

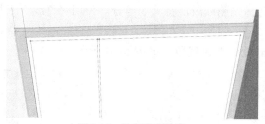

图 5-84　绘制垂直线段

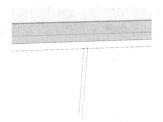

图 5-85　删除中间的线段

（6）使用"推/拉"工具将边缘面向里推 20mm，如图 5-86 所示。

（7）启用"偏移"工具，偏移左侧的面，偏移距离为 100mm，再双击右侧的面，如图 5-87 所示。再对两个面进行偏移，偏移距离为 20mm，如图 5-88 所示。

图 5-86　推拉边缘面

图 5-87　偏移面

图 5-88　再次偏移面

（8）制作子门的装饰部分。启用"选择"工具，选择子门左侧内部的垂直线段，单击鼠标右键，选择"拆分"选项，将其拆分为 3 段。启用"直线"工具，捕捉拆分线段后得到的端点，绘制水平线段，如图 5-89 所示。

（9）将中间的垂直线段 4 等分，并绘制水平线段，如图 5-90 所示。

（10）在中间 4 条线段的上方 10mm 处，分别绘制 4 条线段，如图 5-91 所示。

（11）启用"推/拉"工具，推拉子门中间装饰部分的面，以制作凹槽，推拉距离为 20mm，如图 5-92 所示。

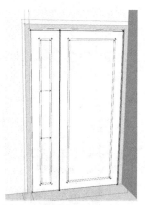

图 5-89　绘制水平线段（1）

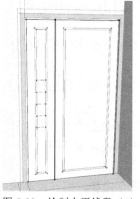

图 5-90　绘制水平线段（2）

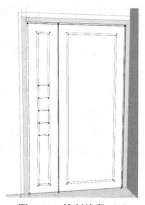

图 5-91　绘制线段（1）

（12）制作母门。启用"选择"工具，选择左侧线段，将其 5 等分。使用"直线"工具，捕捉端点并绘制水平直线段，如图 5-93 所示。

（13）在绘制好的水平直线段上方 40mm 处绘制直线段，如图 5-94 所示。

图 5-92　制作凹槽（1）　　　　图 5-93　绘制水平直线段　　　　图 5-94　绘制线段（2）

（14）启用"推/拉"工具，推拉母门中间装饰部分的面，以制作凹槽，推拉距离为 20mm，如图 5-95 所示。

（15）单击"文件" > "导入"，选择素材"5-2 门把手模型"。启用"旋转"工具，将其旋转至合适的角度，启用"移动"工具，将门把手移动至母门的表面，效果如图 5-96 所示。

（16）启用"材质"工具，给子母门赋予棕色材质，最终效果如图 5-97 所示。

图 5-95　制作凹槽（2）　　　　图 5-96　置入门把手　　　　图 5-97　赋予子母门棕色材质

### 5.6.2　子任务 2：制作阳台推拉门

本子任务制作阳台推拉门，下面对其操作过程进行详细介绍。

（1）打开上一小节的模型继续进行制作，先选择"门窗"图层为当前图层。

（2）启用"矩形"工具，捕捉门套端点绘制矩形，如图 5-98 所示，然后将矩形的面和边框线创建成群组，双击进入群组。

图 5-98　绘制矩形

（3）启用"偏移"工具，对面进行偏移，偏移距离为 50mm。然后选择偏移后的面下方的线段，单击鼠标右键，选择"拆分"选项，将其拆分为 3 段。启用"直线"工具，捕捉端点绘制 3 条垂直线段，如图 5-99 所示。

（4）启用"偏移"工具，对中间的每个面进行偏移，偏移距离为 40mm，如图 5-100 所示。

（5）启用"推/拉"工具，选择第一扇门的边框及中间的玻璃面，向里推 30mm，如图 5-101 所示。

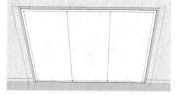 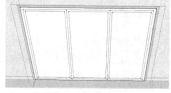 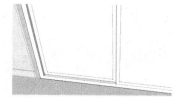

图 5-99　偏移面并分段　　　　图 5-100　偏移面　　　　图 5-101　推拉边框及玻璃面（1）

（6）选择中间的玻璃面，向里推 20mm，如图 5-102 所示。

（7）旋转视图至推拉门背面，按住 Ctrl 键，并捕捉第一扇门的边框进行推拉操作，使其与中间的玻璃面平齐，如图 5-103 所示。

（8）按住 Ctrl 键，选择第一扇门的边框并向外拉 20mm，第一扇推拉门即制作完成，效果如图 5-104 所示。

 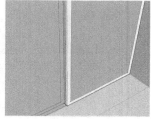 

图 5-102　推拉中间的玻璃面　　　图 5-103　推拉背面边框（1）　　　图 5-104　推拉边框制作完成

（9）制作第二扇推拉门。旋转至客厅视角，启用"推/拉"工具，将第二扇门的边框及中间的玻璃面向里推 30mm，再向里推 40mm，如图 5-105 所示。

（10）选择中间的玻璃面，向里推 20mm，如图 5-106 所示。

（11）旋转至推拉门背面视角，按住 Ctrl 键，并捕捉第二扇门的边框进行推拉，将其推拉至与中间的玻璃面平齐，然后再按住 Ctrl 键，向外拉 20mm，第二扇推拉门即制作完成，效果如图 5-107 所示。

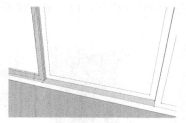  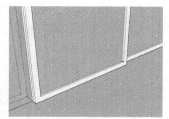

图 5-105　推拉第二扇门　　　　图 5-106　推拉玻璃面（1）　　　图 5-107　推拉背面边框（2）

（12）制作第三扇推拉门。旋转至客厅视角，选择第三扇推拉门的边框及中间的玻璃面，向里推 70mm，然后再向里推 40mm，如图 5-108 所示。

（13）选择中间的玻璃面，向里推 20mm，如图 5-109 所示。

（14）旋转至背后视角，按住 Ctrl 键，并捕捉第三扇门的边框进行推拉，将其推拉至与中间的玻璃面平齐，然后再按住 Ctrl 键，向外拉 20mm，第三扇推拉门即制作完成，效果如图 5-110 所示。

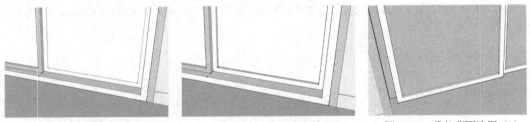

图 5-108　推拉边框及玻璃面（2）　　　图 5-109　推拉玻璃面（2）　　　图 5-110　推拉背面边框（3）

（15）制作背面的门框。按住 Ctrl 键，并捕捉边框面进行推拉，将其推拉至与第三扇门的边框平齐。然后再按住 Ctrl 键，向外拉 30mm，效果如图 5-111 所示。

（16）选择推拉门正面的灰色面，单击鼠标右键，选择"反转平面"选项，如图 5-112 所示。

（17）给推拉门的玻璃面赋予透明材质，退出群组模式，效果如图 5-113 所示。

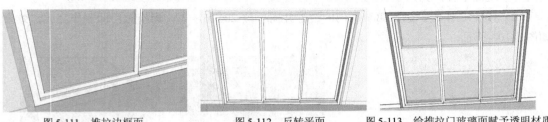

图 5-111　推拉边框面　　　　　图 5-112　反转平面　　　　图 5-113　给推拉门玻璃面赋予透明材质

### 5.6.3　子任务 3：制作室内门

本子任务制作室内门，下面对其操作过程进行详细介绍。

（1）打开上一小节的模型继续进行制作，先选择"门窗"图层为当前图层。

（2）启用"矩形"工具，捕捉门套端点绘制矩形，如图 5-114 所示，并反转平面，然后将矩形的面和边框线创建成群组，双击进入群组。

（3）启用"推/拉"工具，将矩形向里推 40mm，然后退出群组，启用"移动"工具，旋转至背面视角，将卧室门向里推 46.5mm，如图 5-115 所示。

（4）导入文件"素材 5-2 门把手模型"，并将其放置在门内外的相应位置，门外把手在右侧，门内把手在左侧，如图 5-116 所示。

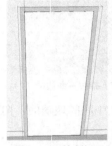
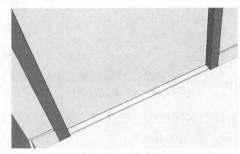
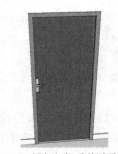

图 5-114　绘制矩形　　　　　图 5-115　移动门　　　　图 5-116　添加门把手并赋予其材质

（5）使用相同的方法制作其他室内门。

### 5.6.4　子任务 4：制作推拉窗及其他窗户

本子任务制作推拉窗及其他窗户，下面对其操作过程进行详细介绍。

（1）打开上一小节的模型继续进行制作，先选择"门窗"图层为当前图层。

（2）启用"矩形"工具，捕捉窗户洞端点绘制矩形，如图 5-117 所示，选择面，单击鼠标右键，选择"反转平面"选项。然后将矩形的面和边框线创建成群组，双击进入群组。

（3）启用"偏移"工具，将中间的面偏移 50mm。启用"选择"工具，选择偏移后的面的下方线段，单击鼠标右键，选择"拆分"选项，将其拆分为 3 段。启用"直线"工具，捕捉端点绘制垂直线段，如图 5-118 所示。

图 5-117　绘制矩形

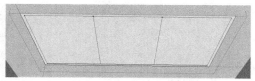

图 5-118　偏移面并分段

（4）启用"偏移"工具，将中间的面分别偏移 40mm，如图 5-119 所示。

（5）启用"推/拉"工具，选择窗户边框面并向外拉 30mm，再选择第一扇窗户中间的玻璃面，向里推 20mm，如图 5-120 所示。

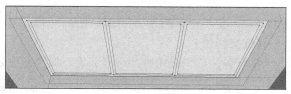

图 5-119　偏移面

（6）选择第二扇窗户的边框面及中间的玻璃面，向里推 30mm，然后再选择中间的玻璃面，向里推 20mm，如图 5-121 所示。

（7）选择第三扇窗户中间的玻璃面，向里推 20mm，如图 5-122 所示。

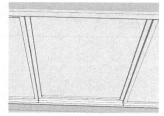
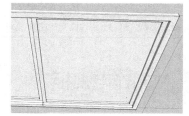

图 5-120　推拉第一扇窗户　　　　图 5-121　推拉第二扇窗户　　　　图 5-122　推拉第三扇窗户
　　　　中间的玻璃面　　　　　　　　　中间的玻璃面　　　　　　　　　中间的玻璃面

（8）旋转至窗户背面视角，按住 Ctrl 键，捕捉窗户整体的边框面并向外拉 127mm，再按住 Ctrl 键，选择第一扇窗户的边框面，向外拉 50mm，如图 5-123 所示。

（9）按住 Ctrl 键，并捕捉第二扇窗户的边框面，将其推拉至与中间玻璃面平齐。再按住 Ctrl 键，捕捉第二扇窗户的边框面，向外拉 30mm，如图 5-124 所示。

（10）按住 Ctrl 键，并捕捉第三扇窗户的边框面，将其推拉至与中间玻璃面平齐。再按住 Ctrl 键，捕捉第三扇窗户的边框面，向外拉 30mm，如图 5-125 所示。

图 5-123　推拉第一扇窗户的边框面

图 5-124　推拉第二扇窗户的边框面

图 5-125　推拉第三扇窗户的边框面

（11）选择推拉窗整体的边框，向里推 47mm，如图 5-126 所示。

（12）选择推拉门正面的灰色面，单击鼠标右键，选择"反转平面"选项，给推拉窗的玻璃面赋予透明材质，退出群组模式，效果如图 5-127 所示。

图 5-126　推拉整体边框

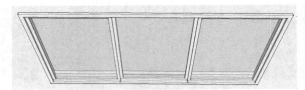

图 5-127　最终效果

（13）使用相同的方法完成其他窗户的制作。

**【任务评价】**

本任务完成情况由教师进行评价，评价标准如下表所示。

| 类别 | 评价标准 | 分数 | 获得分数 |
|---|---|---|---|
| 技术运用（55%） | 能够运用所学知识制作出门和窗户，且能将它们创建成群组 | 40 | |
| | 能够按要求进行标准化建模 | 15 | |
| 制作效果（40%） | 整体制作效果好 | 20 | |
| | 模型比例符合任务标准 | 10 | |
| | 细节表达清楚 | 10 | |
| 提交文档（5%） | 提交的图片视角合理且清晰 | 5 | |

## 5.7　制作电视柜

### 5.7.1　电视柜制作方法概述

电视柜是在整个客厅空间中占据重要位置的家具，使用 SketchUp 制作电视柜之前，先要考虑整体空间的设计风格，然后根据风格及电视柜的基本尺寸要求进行设计制作。电视柜的制作要点包括以下几个。

（1）电视柜应比电视长 2/3，高度在 40cm～60cm。

（2）电视柜要满足使用者就坐后的视线正好落在电视屏幕中心的要求。

（3）电视柜最高为 70cm，如果选用的电视柜高于 70cm，则容易让使用者仰视屏幕。

（4）电视柜的长度应该控制在 2m 左右。

（5）电视柜的深度主要看装修风格，一般而言现代风格在 45cm～50cm 即可，欧式风格在 50cm 左右。不过现在很多家庭的液晶电视主要是挂墙式，不放在电视柜上，所以电视柜的深度至少为 35cm，但是不宜超过 45cm。

图 5-128～图 5-131 所示为一些电视柜的图片。

图 5-128　电视柜 1

图 5-129　电视柜 2

图 5-130　电视柜 3

图 5-131　电视柜 4

## 5.7.2　任务 5：制作客厅电视柜

制作客厅
电视柜

【任务描述】

本任务需要在之前制作的室内模型的基础上制作客厅电视柜。

【任务实施】

下面对其操作过程进行详细介绍。

（1）打开上一节的模型继续进行制作，先新建图层，命名为"电视柜"，选择"电视柜"图层为当前图层。

（2）因为现有的踢脚线会影响电视柜的制作，所以需要将电视柜处的踢脚线去除。双击进入踢脚线群组，启用"推/拉"工具，将客厅与卧室相邻墙面上的踢脚线去除，如图 5-132 所示。

（3）启用"直线"工具，在距离墙角350mm处，对左侧踢脚线进行补线操作，如图5-133所示。

图 5-132　去除踢脚线（1）

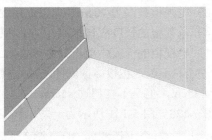
图 5-133　补线

（4）启用"推/拉"工具，将踢脚线去除，留出电视柜的位置，如图5-134所示。

（5）退出踢脚线群组，启用"直线"工具，捕捉背景墙左上方的端点并向下绘制线段，线度长度为300mm，如图5-135所示。

图 5-134　去除踢脚线（2）

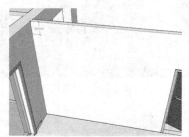
图 5-135　绘制线段

（6）启用"矩形"工具，捕捉刚才绘制的线段下方的端点及墙面右下角的端点，绘制矩形。注意：绘制矩形时捕捉的第二个端点一定是墙面的右下角端点，不要捕捉到门套上的端点。然后选中面并反转，效果如图5-136所示。

（7）启用"选择"工具，双击选中矩形及边线，将它们创建成群组。双击进入群组，启用"推拉"工具，推拉矩形面，推拉距离为350mm，如图5-137所示。

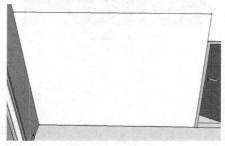
图 5-136　绘制矩形

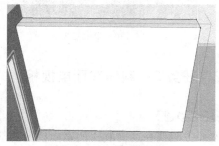
图 5-137　推拉矩形面

（8）启用"选择"工具，选择下方线段，按住Ctrl键向上移动300mm，以复制线段。选择复制的线段，按住Ctrl键向上移动200mm，以复制线段。最后选择第二次复制的线段，按住Ctrl键向上移动120mm，以复制线段，如图5-138所示。

（9）选择最上方的线段，按住Ctrl键向下移动700mm，以复制线段，如图5-139所示。

（10）选择最上方的线段，并将其拆分为4段，然后启用"直线"工具，捕捉端点绘制垂直线段，如图5-140所示。

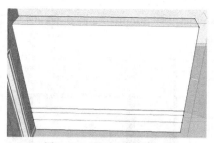

图 5-138　移动复制线段（1）

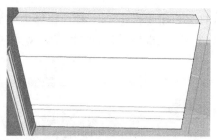

图 5-139　移动复制线段（2）

（11）选择中间的两条垂直线段，按住 Ctrl 键向右移动 120mm，以复制线段。选择右侧中间的第二条竖直线段，按住 Ctrl 键向左移动 120mm，以复制线段，如图 5-141 所示。

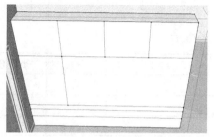

图 5-140　绘制线段

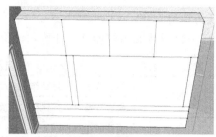

图 5-141　移动复制线段（3）

（12）启用"推/拉"工具，推拉面，效果如图 5-142 所示。

（13）启用"选择"工具，选择最下方的线段，并将其拆分为 4 段。启用"直线"工具，捕捉端点绘制垂直线段，如图 5-143 所示。

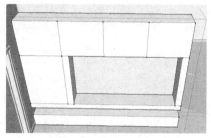

图 5-142　推拉面（1）

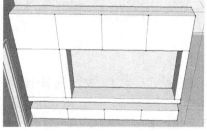

图 5-143　绘制线段

（14）启用"偏移"工具，对每个柜子的面进行偏移，偏移距离为 20mm，效果如图 5-144 所示。

（15）再次对每个柜子的面进行偏移，偏移距离为 5mm，效果如图 5-145 所示。

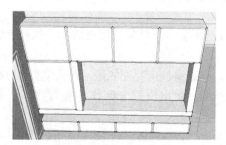

图 5-144　偏移面（1）

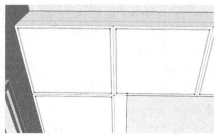

图 5-145　偏移面（2）

（16）启用"推/拉"工具，将每个柜子中间的缝隙面向里推 20mm，如图 5-146 所示。

（17）对电视柜进行材质贴图，效果如图 5-147 所示。

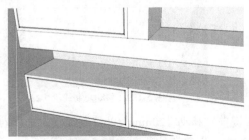

图 5-146　推拉面（2）

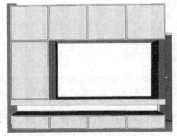

图 5-147　最终效果

【任务评价】

本任务完成情况由教师进行评价，评价标准如下表所示。

| 类别 | 评价标准 | 分数 | 获得分数 |
|---|---|---|---|
| 技术运用（55%） | 能够按任务步骤制作出客厅电视柜 | 40 | |
| | 能够按要求进行标准化建模。 | 15 | |
| 制作效果（40%） | 整体制作效果好 | 20 | |
| | 模型比例符合任务标准 | 10 | |
| | 细节表达清楚 | 10 | |
| 提交文档（5%） | 提交的图片视角合理且清晰 | 5 | |

# 5.8　制作背景墙

## 5.8.1　任务 6：制作沙发背景墙

【任务描述】

沙发背景墙这个立面有很多种不同的做法，其材质、造型、配色、功能、装饰等各方面都有多种选择。接下来按照步骤完成沙发背景墙的制作。

【任务实施】

下面对沙发背景墙的制作过程进行详细介绍。

（1）打开之前制作的室内模型继续进行制作，新建图层，命名为"背景墙"，选择"背景墙"图层为当前图层。

（2）切换到沙发背景墙视角，启用"直线"工具，在踢脚线上补充线段，在长度为 4174mm 的位置补线，然后启用"推/拉"工具，将踢脚线去除，留出位置来制作沙发背景墙，如图 5-148 所示。

（3）启用"矩形"工具，绘制矩形，尺寸为 4174mm×2500mm。选中矩形面及边线，将它们创建为群组。

（4）双击进入群组，启用"推/拉"工具，推拉距离 20mm，如图 5-149 所示。

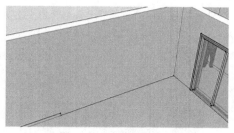
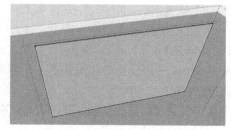

图 5-148    去除踢脚线          图 5-149    绘制矩形并推拉出厚度

（5）启用"选择"工具，选择上方的线段，并将其拆分为 3 段。启用"直线"工具，捕捉端点，绘制 3 条竖直线段。

（6）启用"选择"工具，选择一条竖直线段并将其分别向左、向右偏移 10mm。对其他两条竖直线段使用相同的方法偏移出多条线段，如图 5-150 所示。

（7）删除中间的线段，使用相同的方法制作其他线段，效果如图 5-151 所示。

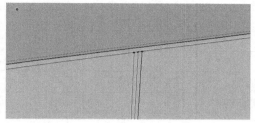

图 5-150    偏移线段          图 5-151    删除中间的线段

（8）给沙发背景墙赋予材质，效果如图 5-152 所示。

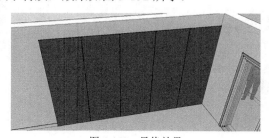

图 5-152    最终效果

**【任务评价】**

本任务完成情况由教师进行评价，评价标准如下表所示。

| 类别 | 评价标准 | 分数 | 获得分数 |
| --- | --- | --- | --- |
| 技术运用（55%） | 能够按任务步骤制作出客厅沙发背景墙 | 40 | |
| | 能够按要求进行标准化建模 | 15 | |
| 制作效果（40%） | 整体制作效果好 | 20 | |
| | 模型比例符合任务标准 | 10 | |
| | 细节表达清楚 | 10 | |
| 提交文档（5%） | 提交的图片视角合理且清晰 | 5 | |

### 5.8.2 任务拓展：制作床头背景墙

【任务描述】

根据图 5-153 所示的效果图制作床头背景墙。

【任务实施】

完成"任务 6：制作沙发背景墙"后，按照所学内容，自行探索完成此任务。

【任务评价】

本任务完成情况由小组成员互评，评价标准如下表所示。

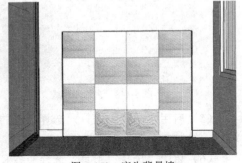

图 5-153　床头背景墙

| 类别 | 评价标准 | 分数 | 获得分数 |
|---|---|---|---|
| 技术运用（40%） | 能够制作出床头背景墙 | 30 | |
| | 能够按要求进行标准化建模 | 10 | |
| 制作效果（55%） | 整体制作效果好 | 20 | |
| | 模型比例符合任务标准 | 10 | |
| | 模型精细，软包的凹凸细节表达清楚 | 15 | |
| | 材质贴图具有细节及质感，背景墙整体感强 | 10 | |
| 提交文档（5%） | 提交的图片视角合理且清晰 | 5 | |

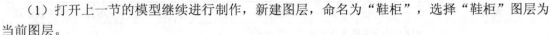

## 5.9　制作其他柜子

### 5.9.1 任务 7：制作鞋柜

【任务描述】

本任务用 SketchUp 在之前制作的模型的基础上制作鞋柜。

制作鞋柜

【任务实施】

下面对本任务鞋柜的制作过程进行详细介绍。

（1）打开上一节的模型继续进行制作，新建图层，命名为"鞋柜"，选择"鞋柜"图层为当前图层。

（2）去除底部踢脚线，预留出鞋柜的位置，去除的踢脚线长度为 1990mm，如图 5-154 所示。

（3）启用"卷尺"工具，捕捉左上方的墙角端点，并向下绘制长度为 300mm 辅助点。启用"矩形"工具，绘制矩形，尺寸为 2500mm×1990mm。选中平面并反转，然后将矩形面及边线创建成群组，如图 5-155 所示。

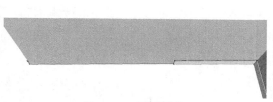

图 5-154　去除踢脚线

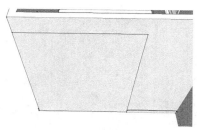

图 5-155　绘制矩形

（4）双击进入群组，单击"视图"＞"组件编辑"＞"隐藏剩余模型"，只显示组件内容，组件以外的内容全部隐藏，效果如图 5-156 所示。

（5）启用"推/拉"工具，推拉面，推拉距离为 30mm。启用"选择"工具，选择最下方的线段，然后启用"移动"工具，按住 Ctrl 键将线段向上移动 70mm，以复制线段，如图 5-157 所示。

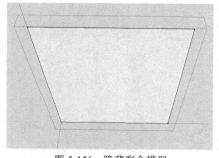

图 5-156　隐藏剩余模型

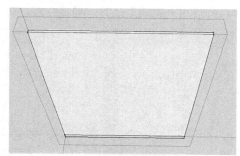

图 5-157　移动复制线段（1）

（6）启用"推/拉"工具，推拉下方的面，推拉距离为 320mm，如图 5-158 所示。

（7）启用"直线"工具，捕捉线段中点并绘制直线段。启用"推/拉"工具，按住 Ctrl 键，推拉右侧的面至顶部，效果如图 5-159 所示。

（8）按住 Ctrl 键，向上推拉左侧的面，推拉距离为 400mm，如图 5-160 所示。

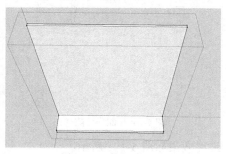

图 5-158　推拉面（1）

图 5-159　绘制线段及推拉面

图 5-160　推拉面（2）

（9）启用"矩形"工具，以左侧面右上角的端点为起点绘制一个矩形，尺寸为 369mm×320mm。启用"推/拉"工具，按住 Ctrl 键，将矩形面推拉至顶部，如图 5-161 所示。

（10）启用"选择"工具，选择柜子最右侧的竖直线段，注意选择时需要加选右侧上方及下方的线段。启用"移动"工具，按住 Ctrl 键将所选线段往左移动 30mm，以复制线段，如图 5-162 所示。

（11）启用"选择"工具，删除右侧中间的线段。选择右侧的线段，启用"移动"工具，按住 Ctrl 键向上移动 900mm，以复制线段，如图 5-163 所示。

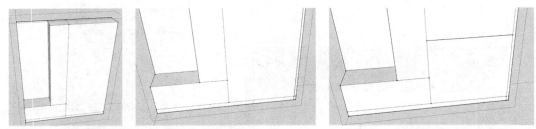

图 5-161　绘制矩形及推拉面　　　图 5-162　移动复制线段（2）　　　图 5-163　删除线段及移动复制线段

（12）启用"选择"工具，选择最上方的线段，启用"移动"工具，按住 Ctrl 键将线段向下移动 900mm，以复制线段，如图 5-164 所示。

（13）启用"偏移"工具，对面进行偏移，除了右侧上方及下方的面偏移一次外，其他几个面都偏移两次，偏移距离都为 20mm，如图 5-165 所示。

（14）启用"直线"工具，捕捉中点，对面进行补线操作，如图 5-166 所示。

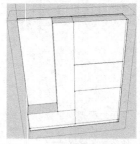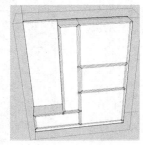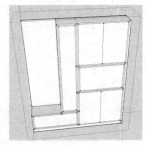

图 5-164　移动复制线段（3）　　　图 5-165　偏移操作　　　图 5-166　绘制线段

（15）启用"推/拉"工具，将右侧中间的面和左侧下方的面向里推 320mm，如图 5-167 所示。

（16）推拉右侧 4 个柜子的面和左侧竖直面的中间面，推拉距离为 10mm，如图 5-168 所示。

（17）制作右侧两个对开柜子中间的缝隙，缝隙宽度为 5mm，效果如图 5-169 和图 5-170 所示。

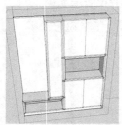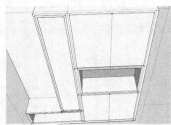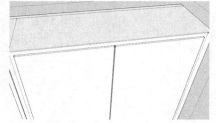

图 5-167　推拉操作（1）　　　图 5-168　推拉操作（2）　　　图 5-169　制作缝隙（1）

（18）制作左下方格子的隔板，隔板宽度为 20mm，最终效果如图 5-171 所示。

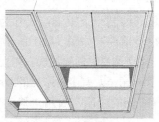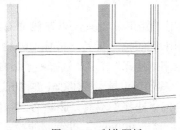

图 5-170　制作缝隙（2）　　　　　　图 5-171　制作隔板

（19）启用"矩形"工具，捕捉左上方的面并绘制矩形，如图 5-172 所示。

（20）将矩形面及边线创建成群组，双击进入群组。启用"推/拉"工具，推拉面，推拉距离为 10mm，如图 5-173 所示。

（21）在面上绘制直线段，两条相邻线段的间距为 10mm，效果如图 5-174 所示。

图 5-172　绘制矩形

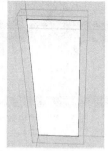
图 5-173　推拉操作（3）

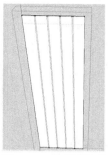
图 5-174　绘制直线段

（22）启用"推/拉"工具，将缝隙面去除，效果如图 5-175 所示。

（23）退出群组，对鞋柜进行材质贴图操作，最终效果如图 5-176 所示。

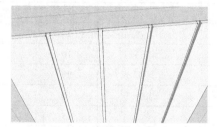
图 5-175　推拉操作（4）

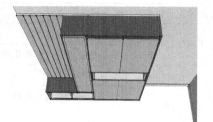
图 5-176　最终效果

【任务评价】

本任务完成情况由教师进行评价，评价标准如下表所示。

| 类别 | 评价标准 | 分数 | 获得分数 |
|---|---|---|---|
| 技术运用（40%） | 能够制作出鞋柜模型 | 30 | |
| | 能够按要求进行标准化建模 | 10 | |
| 制作效果（55%） | 整体制作效果好 | 20 | |
| | 模型比例符合任务标准 | 10 | |
| | 模型精细，缝隙细节表达清楚 | 15 | |
| | 材质贴图具有细节及质感，鞋柜整体感强 | 10 | |
| 提交文档（5%） | 提交的图片视角合理且清晰 | 5 | |

## 5.9.2　任务拓展：制作酒柜

【任务描述】

根据图 5-177 所示的效果图制作酒柜。

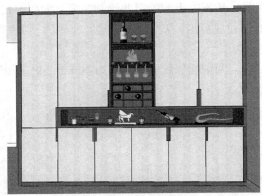

图 5-177  酒柜效果图

【任务实施】

完成"任务 7：制作鞋柜"后，按照所学内容，自行探索完成此任务。

【任务评价】

本任务完成情况由小组成员互评，评价标准如下表所示。

| 类别 | 评价标准 | 分数 | 获得分数 |
|---|---|---|---|
| 技术运用（40%） | 能够制作出餐厅酒柜 | 30 | |
| | 能够按要求进行标准化建模 | 10 | |
| 制作效果（55%） | 整体制作效果好 | 20 | |
| | 模型比例符合任务标准 | 10 | |
| | 细节表达清楚 | 15 | |
| | 材质贴图具有细节及质感，酒柜整体感强 | 10 | |
| 提交文档（5%） | 提交的图片视角合理且清晰 | 5 | |

### 5.9.3  任务拓展：制作衣柜

【任务描述】

根据图 5-178 所示的效果图制作衣柜。

【任务实施】

完成"任务 7：制作鞋柜"后，按照所学内容，自行探索完成此任务。

【任务评价】

本任务完成情况由小组成员互评，评价标准如下表所示。

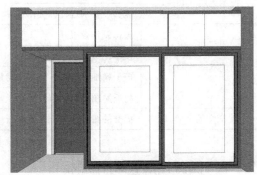

图 5-178  衣柜效果图

| 类别 | 评价标准 | 分数 | 获得分数 |
|---|---|---|---|
| 技术运用（40%） | 能够制作出卧室衣柜 | 30 | |
| | 能够按要求进行标准化建模 | 10 | |
| 制作效果（55%） | 整体制作效果好 | 20 | |
| | 模型比例符合任务标准 | 10 | |
| | 细节表达清楚 | 15 | |
| | 材质贴图具有细节及质感，衣柜整体感强 | 10 | |
| 提交文档（5%） | 提交的图片视角合理且清晰 | 5 | |

## 5.10　任务 8：调整模型材质及合并素材文件

【任务描述】

使用素材文件夹"素材 5-3 模型及贴图"将现有的客厅、餐厅、卧室模型合并，并调整模型材质，最终效果如图 5-179 所示。

调整模型材质及合并素材文件

图 5-179　最终效果

【任务实施】

按照微课内容进行操作。

【任务评价】

本任务完成情况由教师进行点评，评价标准如下表所示。

| 类别 | 评价标准 | 分数 | 获得分数 |
|---|---|---|---|
| 技术运用（40%） | 能够按照效果图调整客厅、餐厅、卧室等模型的材质 | 30 | |
| | 能合并素材文件并保存到合适位置 | 10 | |
| 制作效果（55%） | 整体制作效果好 | 20 | |
| | 所有空间模型都符合实际尺寸要求 | 10 | |
| | 细节表达清楚 | 15 | |
| | 材质贴图具有细节及质感，空间整体感强 | 10 | |
| 提交文档（5%） | 提交的图片视角合理且清晰 | 5 | |

## 5.11　任务拓展：制作其他空间

【任务描述】

本任务为选修内容，读者可以根据图 5-180～图 5-185 所示内容制作剩余空间模型。

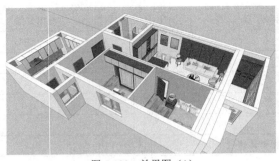

图 5-180　效果图（1）

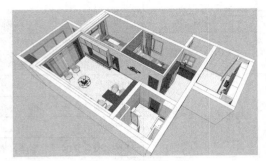

图 5-181　效果图（2）

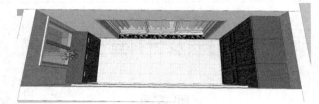

图 5-182　阳台效果图

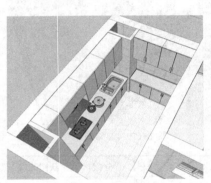

图 5-183　厨房效果图

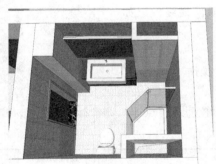

图 5-184　卫生间效果图

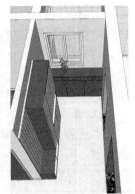

图 5-185　过道效果图

**【任务实施】**

本任务由读者根据之前所学知识，自行制作其他空间模型，并且调整好模型的材质贴图效果。

**【任务评价】**

本任务完成情况由小组成员互相点评，评价标准如下表所示。

| 类别 | 评价标准 | 分数 | 获得分数 |
|---|---|---|---|
| 技术运用（40%） | 能够按照效果图制作其他空间模型 | 30 | |
| | 制作的模型标准 | 10 | |
| 制作效果（55%） | 整体制作效果好 | 20 | |
| | 所有空间模型符合实际尺寸要求 | 10 | |
| | 细节表达清楚 | 15 | |
| | 材质贴图具有细节及质感，空间整体感强 | 10 | |
| 提交文档（5%） | 提交的图片视角合理且清晰 | 5 | |

## 5.12　任务 9：手绘效果图后期处理

手绘效果图
后期处理

【任务描述】

用 SketchUp 制作的室内模型的展示方式有多种，包括直接保存各个视角的图片，使用 V-Ray 渲染出效果图，使用 Photoshop 进行后期处理并输出手绘效果图等方法。本任务将使用 Photoshop 进行后期处理，并输出手绘效果图。

【任务实施】

下面对其操作过程进行详细介绍。

（1）打开制作完成的模型，启用"定位相机"，在图 5-186 所示的位置单击。

（2）在"数值"输入框中输入视点高度"1000mm"，然后按住鼠标左键旋转视角，如图 5-187 所示。

图 5-186　定位相机

图 5-187　修改视点高度

（3）启用"放大镜"工具，单击视图区域，然后在"数值"输入框中输入"50°"，效果如图 5-188 所示。

（4）启用"绕轴旋转"工具调整视角，如图 5-189 所示，将当前场景保存为"场景 1"。

图 5-188　修改视图区域大小

图 5-189　调整视角

（5）单击"窗口">"样式"，取消勾选"边线"选项。

（6）单击"文件">"导出">"二维图形"，保存 JPEG 格式的图片。

（7）单击"窗口">"样式"，选择第三项"背景设置"，取消勾选"天空"选项，单击"背景"图标，将背景设置为黑色，如图 5-190 所示。

（8）单击"消隐"图标，如图 5-191 所示。

（9）单击"文件">"导出">"二维图形"，保存 JPEG 格式的图片，注意此时保存图片的名称要与之前保存的图片名称有所区别。

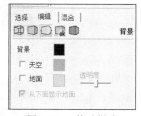
图 5-190　修改样式

（10）在 Photoshop 中打开刚才保存的第二张黑底白线稿图片，并进行反相操作，效果如图 5-192 所示。

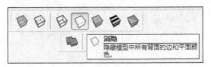

图 5-191　选择"消隐"图标

图 5-192　反相操作

（11）修改此图层的"不透明度"为"40"，如图 5-193 所示。

图 5-193　修改"不透明度"

（12）打开之前保存的第一张图片，将两张图片放置在一个文件内，并且调整它们的顺序，如图 5-194 所示。

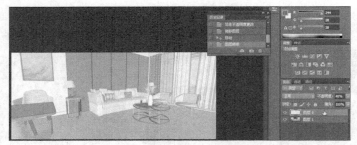

图 5-194　调整图片顺序

（13）进行合并图层操作，组合键为"Ctrl+Shift+E"，效果如图 5-195 所示。

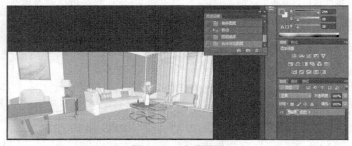

图 5-195　合并图层

（14）单击"图像"＞"调整"＞"亮度/对比度"，在弹出的"亮度/对比度"对话框中调整数值，效果如图 5-196 所示。

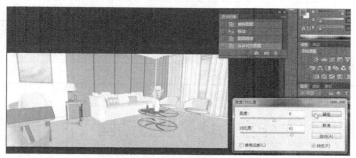

图 5-196　调整亮度/对比度

（15）单击"图像"＞"调整"＞"色相/饱和度"，在弹出的"色相/饱和度"对话框中调整数值，效果如图 5-197 所示。

（16）添加"照片滤镜"，如图 5-198 所示。

图 5-197　调整色相/饱和度　　　　　　　　图 5-198　添加"照片滤镜"

（17）单击"滤镜"＞"锐化"＞"USM 锐化"，使用默认值，单击"确定"按钮。

（18）保存 JPEG 格式的图片，效果如图 5-199 所示。

（19）其他视角的手绘效果图片可以使用相同的方法进行制作。

图 5-199　客厅手绘效果图

【任务评价】

本任务完成情况由教师进行点评，评价标准如下表所示。

| 类别 | 评价标准 | 分数 | 获得分数 |
| --- | --- | --- | --- |
| 技术运用（40%） | 能够按照任务步骤制作效果图 | 20 | |
| | 能够运用 Photoshop 完成后期处理 | 20 | |

续表

| 类别 | 评价标准 | 分数 | 获得分数 |
|---|---|---|---|
| 制作效果（55%） | 整体制作效果好 | 20 | |
| | 细节表达清楚 | 20 | |
| | 处理后的图片具有手绘质感，整体感强 | 15 | |
| 提交文档（5%） | 提交的图片视角合理且清晰 | 5 | |

## 5.13 任务拓展：制作室内场景漫游动画

【任务描述】

本任务为选修内容，主要制作所有室内模型的场景漫游动画。

【任务实施】

按照微课中的演示步骤，自行设计视角移动路径，制作室内场景漫游动画，以展示整个空间的设计效果。

制作室内场景漫游动画

【任务评价】

本任务完成情况由小组成员互相点评，评价标准如下表所示。

| 类别 | 评价标准 | 分数 | 获得分数 |
|---|---|---|---|
| 技术运用（40%） | 能够按照微课内容制作过道、客厅、餐厅漫游动画 | 10 | |
| | 能自行设计移动路径，制作出其他空间漫游动画 | 30 | |
| 制作效果（55%） | 动画整体制作效果好，制作精细 | 30 | |
| | 所有空间都展示清楚 | 15 | |
| | 移动路径设计合理，细节表达清楚 | 10 | |
| 提交文档（5%） | 提交的动画视频分辨率高，能顺利播放 | 5 | |

## 5.14 项目小结及课后作业

项目小结

本项目主要讲解了利用 SketchUp 设计制作室内模型，包括墙体、门窗洞、地板、家具等模型的制作，任务实施部分讲解详细，大部分操作环节配有微课视频，让读者对室内模型的设计制作方法有了更加深入的了解。

# 项目 **6**

# SketchUp 在建筑设计中的运用

**项目导航**

    本项目详细介绍将在 AutoCAD 中绘制好的图纸导入 SketchUp 软件的方法。通过对本项目的学习，读者可以掌握建筑物的建模步骤和技巧。本项目着重对建筑图纸的整理、模型框架的搭建、场景制作等相关知识进行介绍。

**知识目标**

- 了解如何使用 SketchUp 与其他软件配合完成模型的创建。
- 熟练掌握建筑物模型的创建方法。

**技能目标**

- 熟练掌握将 AutoCAD 文件导入 SketchUp 的方法。
- 巩固 SketchUp 基础工具的操作方法。
- 灵活使用基础工具创建复杂的建筑物模型。

**素养目标**

- 让读者了解建筑物的建模方法，对本行业主要工作内容及设计流程有整体认识，并且通过任务案例中的操作培养读者的行业规范意识。
- 培养读者的动手实践能力。

## 6.1　任务：小型别墅设计

**【任务描述】**

    本任务需要制作的是一栋别墅，其整体设计较为规整，造型简约大方，其墙面使用大量玻璃窗和落地门。别墅前后各有一个入口，分为地上两层和地下一层，布局合理。图 6-1 所示为

绘制完成的别墅效果图。

图 6-1　绘制完成的别墅效果图

【任务实施】

按照下面的子任务分步制作别墅。

## 6.1.1　子任务 1：AutoCAD 图纸整理

施工图通常附带大量的图块、标注及文字等信息，这些信息导入 SketchUp 后会占用大量资源，且不便于图纸的观察。因此在将图纸导入 SketchUp 之前，需要对将用到的 AutoCAD 图纸内容进行整理，删除多余的图纸信息，保留有用的内容。

### 1．整理 AutoCAD 图纸

（1）打开 AutoCAD，打开素材"6-1 别墅图纸.dwg"文件，如图 6-2 所示。

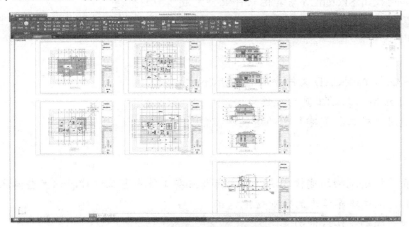

图 6-2　原始 AutoCAD 图纸

（2）将 AutoCAD 图纸中多余的内容删除，只保留别墅的"地下一层平面图""一层平面图""二层平面图""屋顶层平面图"，以及 4 个立面的图纸内容即可，如图 6-3 所示。

（3）对整理后的 AutoCAD 图纸内容进行简化操作，删除对建模没有参考意义的尺寸标注、轴号、文字等信息，完成图纸简化操作后的效果如图 6-4 所示。

（4）为了让导入 SketchUp 的 AutoCAD 图纸中没有多余内容，需要在命令栏中执行"Purge"命令，在弹出的如图 6-5 所示的"清理"对话框中单击"全部清理"按钮，弹出"清理-确认清理"

对话框，然后选择第二个"清理所有项目"选项，以此对多余的内容进行清理操作，如图 6-6 所示，结束后关闭"清理"对话框。

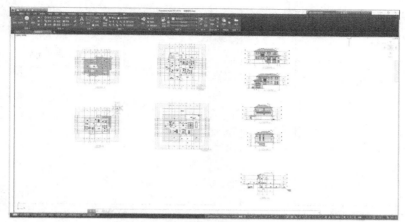

图 6-3　整理后的 AutoCAD 图纸

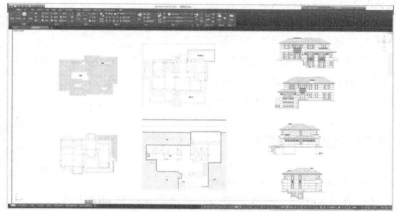

图 6-4　简化后的 AutoCAD 图纸

图 6-5　"清理"对话框

图 6-6　选择"清理所有项目"选项

（5）单击"文件" > "另存为"，如图 6-7 所示。将当前文件另存为"简化别墅图纸.dwg"，如图 6-8 所示。

图 6-7　另存文件

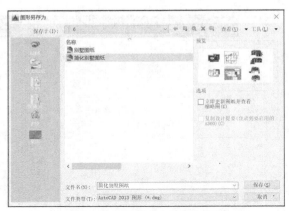

图 6-8　修改文件名称

### 2. 对 SketchUp 的参数进行设置

运行 SketchUp，先对模型基本信息进行设置。单击"窗口" > "模型信息"，在弹出的"模型信息"对话框中单击"单位"选项卡，修改长度单位为"mm"，将长度捕捉设置为"1mm"；并勾选"启用角度捕捉"选项，将角度捕捉设置为"5.0"，如图 6-9 所示。

### 6.1.2　子任务 2：建筑框架搭建

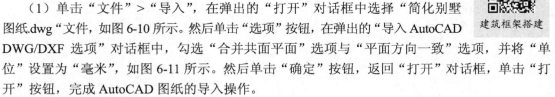

图 6-9　模型信息设置

将之前整理好的 AutoCAD 图纸导入 SketchUp 中，并对导入后的图纸内容进行图层、位置调整，完成建筑基础框架的搭建。

建筑框架搭建

#### 1. 导入 AutoCAD 图纸并进行调整

（1）单击"文件" > "导入"，在弹出的"打开"对话框中选择"简化别墅图纸.dwg"文件，如图 6-10 所示。然后单击"选项"按钮，在弹出的"导入 AutoCAD DWG/DXF 选项"对话框中，勾选"合并共面平面"选项与"平面方向一致"选项，并将"单位"设置为"毫米"，如图 6-11 所示。然后单击"确定"按钮，返回"打开"对话框，单击"打开"按钮，完成 AutoCAD 图纸的导入操作。

图 6-10　导入 AutoCAD 图纸

图 6-11　设置导入参数

（2）将 AutoCAD 图纸导入 SketchUp 后，移动图纸到坐标原点附近后的效果如图 6-12 所示。

（3）单击图纸，将图纸整体选中后，单击鼠标右键，选择"分解"选项，将图纸内容分解成单独的线条。再分别选择各个平面图，将其单独创建为群组，如图 6-13 所示。

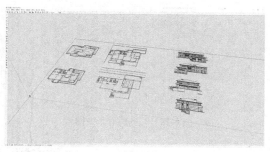
图 6-12　将 AutoCAD 图纸导入 SketchUp 后的效果

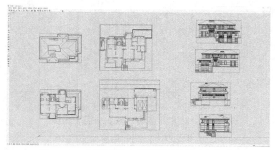
图 6-13　分别将各个平面图单独创建为群组

（4）单击"图层"工具栏中的"图层管理器"图标 ，将除了"图层 0"以外的其余图层全部删除并移动图层内容至"图层 0"中。再依次新建"地下一层平面图""一层平面图""二层平面图""屋顶平面图""立面图 1""立面图 2""立面图 3""立面图 4"图层，如图 6-14 所示，并将图纸中的平面图和立面图放置到对应图层中。

**2．调整图纸位置**

（1）选择"立面图 1"，启用"旋转"工具，将其沿红色轴线旋转 90°，并移动参考点，再将其对齐到"一层平面图"的相应位置，如图 6-15 所示。

图 6-14　创建对应图层

图 6-15　将立面图 1 与平面图对齐

（2）捕捉"立面图 1"中相应的端点，接着启用"移动"工具，将其移动到"一层平面图"中相应的端点位置。按照相同的方法完成别墅其他立面图的移动，即将它们对齐到平面图相应的位置，如图 6-16 所示。

（3）选择 4 个立面图，单击鼠标右键，选择"隐藏"选项，将它们暂时隐藏。接着使用"移动"工具将"地下一层平面图"与"一层平面图"对齐，并将"地下一层平面图"竖直向下移动 2850mm，如图 6-17 所示。

图 6-16　完成模型框架的搭建

（4）继续使用"移动"工具将"二层平面图"与"一层平面图"对齐，并将"二层平面图"竖直向上移动 3600mm；将"屋顶平面图"

与"二层平面图"对齐，再将"屋顶平面图"竖直向上移动 3300mm，如图 6-18 所示。

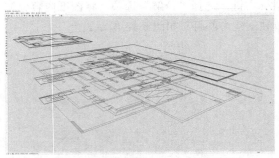
图 6-17  对齐并移动"地下一层平面图"

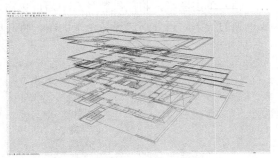
图 6-18  对齐所有平面图

## 6.1.3  子任务 3：细节调整

细节调整 1-创建
别墅一楼模型

### 1. 创建别墅一楼模型

（1）将除"一层平面图"以外的平面图隐藏，启用"直线"工具，沿"一层平面图"外轮廓线上的端点绘制闭合平面，启用"推/拉"工具将该平面向上拉 3600mm，作为别墅一楼的墙体，如图 6-19 所示。

（2）启用"直线"工具和"矩形"工具，绘制次入口处的台阶形状，接着启用"推/拉"工具，完成台阶的绘制，如图 6-20 所示。按照相同的方法完成主入口的台阶绘制，如图 6-21 所示。

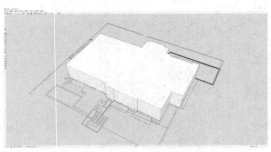
图 6-19  绘制别墅一楼墙体的大致轮廓

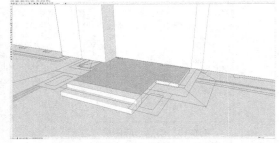
图 6-20  绘制别墅一楼次入口处的台阶

（3）单击"编辑">"取消隐藏">"全部"，此时显示所有的立面图及平面图，然后将除"一层平面图"以外的其他平面图隐藏起来。

（4）启用"矩形"工具和"直线"工具，按照立面图绘制主入口大门的装饰线条，再结合"推/拉"工具，结合"一层平面图"装饰线条位置，推拉出装饰线条的厚度，效果如图 6-22 所示。之后按照同样的方法制作出大门上方的装饰线条，并推拉出厚度，如图 6-23 所示。

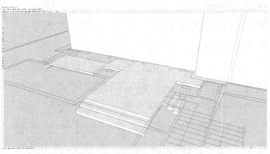
图 6-21  绘制别墅一楼主入口处的台阶

（5）启用"矩形"工具，绘制大门左侧的玻璃门线框，双击选择矩形，然后单击鼠标右键并选择"创建群组"选项，如图 6-24 所示。再双击进入群组，启用"矩形"工具，结合立面图中的线条描绘出门框形状后，启用"推/拉"工具，分别将外框拉出 100mm，内框拉出 50mm，以此完成左侧玻璃门的绘制，如图 6-25 所示。

（6）将左侧玻璃门群组选中，启用"移动"工具，按住 Ctrl 键，使鼠标指针右下方出现"+"形状，接着捕捉左侧门的左侧端点，沿着红色轴线移动复制一个相同的门到右侧，如图 6-26 所示。

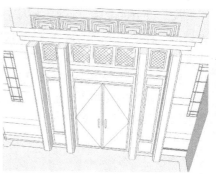

图 6-22　绘制主大门左右两侧装饰线条

图 6-23　一楼大门的装饰线条

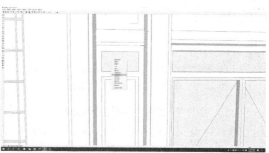

图 6-24　创建群组以绘制左侧玻璃门框

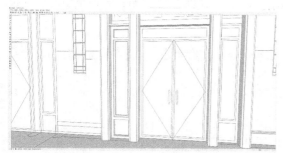

图 6-25　绘制主大门左侧玻璃门

图 6-26　绘制主大门右侧玻璃门

（7）参考左侧玻璃门的绘制方法，启用"矩形"工具，结合"推/拉"工具完成主大门中间门的绘制，如图 6-27 所示。

（8）参考步骤（4），使用相同的方法完成主大门左侧卧室的落地门装饰线条的绘制，如图 6-28 所示。

图 6-27　绘制主大门的中间门

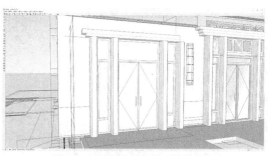

图 6-28　绘制卧室落地门装饰线条

（9）启用"选择"工具，按住 Ctrl 键，将主大门的左右侧门和中间门对应的群组同时选中，再启用"移动"工具，按住 Ctrl 键，使鼠标指针右下方出现"+"形状，接着捕捉玻璃门的左侧端点，沿着红色轴线移动复制一组相同的门到左侧卧室落地门处，如图 6-29 所示。

（10）双击进入左侧玻璃门群组，启用"擦除"工具，将与里面线条不一致的部分擦除，再启用"直线"工具和"矩形"工具，正确描出里面的线条后，启用"推/拉"工具使修改部分与原来部分保持一致，如图 6-30 所示。

图 6-29　移动复制门框至卧室落地门处

图 6-30　卧室落地门完成

（11）制作右侧两个房间的落地门，由于它们和之前绘制的两个门的立面不在同一水平面上，因此需要对该立面的线框进行移动。启用"移动"工具，将立面线框沿着绿色轴线移动并与所绘立面对齐，如图 6-31 所示。

（12）根据立面线框图中出现的层高差，启用"推/拉"工具，将右侧立面调整至对应的位置，如图 6-32 所示。

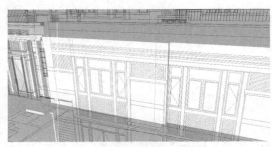
图 6-31　移动立面线框

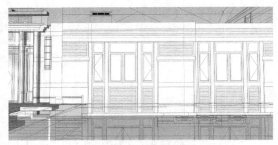
图 6-32　修改立面层高

（13）参照左侧大门的绘制方法，依次完成右侧两个落地门的绘制，如图 6-33 所示。

（14）参照上述绘制方法，逐步完成别墅一楼的制作，如图 6-34 所示。

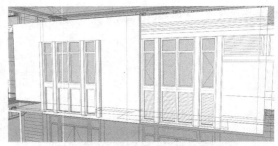
图 6-33　完成右侧两个落地门的绘制

图 6-34　完成别墅一楼的制作

**2．创建别墅剩余楼层**

其他楼层的建模方法与一楼相同，主要用"移动"工具来移动对应立面的线框图，以此找到对应的参考位置，再启用"直线"工具和"矩形"工具，正确描出里面的线条后，用"推/拉"工具完成所有门、窗的绘制，如图 6-35 所示。

**3．地形的制作**

结合别墅的一楼和地下一楼的层高差，可以适当添加等高线和楼梯来丰富模型，使得整个场景更加生动，如图 6-36 所示。

细节调整 2-创建别墅剩余楼层

图 6-35　完成剩余楼层的绘制

图 6-36　丰富模型

## 6.1.4　子任务 4：材质设置

在前面的学习中，已经完成别墅模型的创建，接下来将为创建好的模型赋予相应的材质。

（1）单击"材质"图标，弹出"材质"面板，如图 6-37 所示。选择"石头"文件夹，找到"黄褐色碎石"材质，如图 6-38 所示，为建筑外立面的墙体部分赋予该材质。

（2）选择"沥青木瓦屋顶"材质，为建筑的屋顶赋予该材质，如图 6-39 所示。

图 6-37　打开"材质"面板

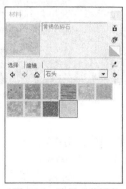
图 6-38　选择"黄褐色碎石"材质

图 6-39　赋予屋顶"沥青木瓦屋顶"材质

（3）选择"金属接缝"材质，为建筑的栏杆、窗框、门框等金属构件赋予该材质，如图 6-40 所示。

（4）结合实际，赋予模型剩余部分对应的材质，完成模型的材质设置，如图 6-41 所示。

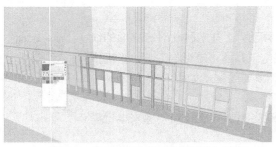

图 6-40　赋予金属构件"金属接缝"材质

图 6-41　完成模型的材质设置

## 6.1.5　子任务 5：漫游动画制作

添加定位相机并结合使用"绕轴旋转"工具、"漫游"工具，可以完成别墅场景漫游动画的制作。

### 1．添加定位相机

（1）启用"定位相机"工具，鼠标指针将变成 形状，移动鼠标指针至目标位置并单击即可完成相机的放置。默认的相机高度为 1676mm，如图 6-42 所示。

（2）设置好相机位置后，鼠标指针会变为 形状，并自动启用"绕轴旋转"工具，拖动鼠标指针即可查看不同视角的模型。单击左侧工具栏中的"缩放"工具图标 ，这时可以看到"视角"数值框中的镜头焦距参数为"35mm"。如果想要更广阔的视角（参考实际的相机镜头参数），输入数值可调整当前相机的视角，如输入"25mm"。此时的相机视角效果如图 6-43 所示。

图 6-42　设置定位相机

图 6-43　修改相机焦距为 25mm

### 2．制作场景

（1）设置好相机位置及参数后，为了便于后续动画的制作，单击"视图">"动画">"添加场景"，如图 6-44 所示。在弹出的对话框中选择"另存为新的样式"单选项后，单击"创建场景"按钮，可以建立一个单独的"场景 1"，如图 6-45 所示。

（2）将当前设置好的相机视角添加到新的场景后，可以在其名称上单击鼠标右键并进行移动、删除、添加等操作，如图 6-46 所示。如果要重命名场景，则需要单击鼠标右键并选择"场景管理器"选项，在弹出图 6-47 所示的"场景"面板中即可对场景进行重命名操作。

图 6-44　添加场景

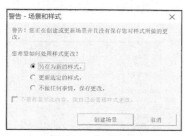
图 6-45 创建场景

图 6-46 右键菜单

图 6-47 重命名场景

**3. 制作漫游动画**

（1）将图 6-43 所示的画面保存为"场景 1"，启用"漫游"工具，待鼠标指针变成 形状后，按住鼠标左键拖动使其前移，一直拖动到别墅负一楼入口的露台处，松开鼠标左键，单击"视图">"动画">"添加场景"，创建"场景 2"以保存当前设置好的场景效果，如图 6-48 所示。

（2）按住鼠标左键转换视角，使视角顺着楼梯移动到一楼的入口，松开鼠标左键，创建"场景 3"，如图 6-49 所示。

图 6-48 创建"场景 2"

图 6-49 创建"场景 3"

（3）继续启用"漫游"工具，按住鼠标左键移动将镜头转向右侧，环视整个建筑后，松开鼠标左键，创建"场景 4"，如图 6-50 所示。

（4）按住鼠标左键使镜头逐渐后移，松开鼠标左键，创建最后一个镜头，即"场景 5"，如图 6-51 所示。

图 6-50 创建"场景 4"

图 6-51 创建"场景 5"

（5）漫游动画制作完成后，可以通过在"场景"名称上单击鼠标右键后单击"播放动画"或单击"视图">"动画">"播放"，对动画进行播放，如图 6-52 和图 6-53 所示。

（6）默认的参数设置下动画播放的速度较快，此时可以单击"视图"＞"动画"＞"设置"，打开"模型信息"对话框，在"动画"选项卡中进行参数调整，如图 6-54 和图 6-55 所示。"场景转换"中的时间为当前场景中设置的漫游动画的完成时间，"场景暂停"中的时间为场景转换时的停顿时间。

图 6-52 播放动画（1）　　图 6-53 播放动画（2）　　图 6-54 设置动画

### 4. 输出漫游动画

调整好整个动画的速度与节奏后，即可将其输出为 MP4 等常规格式的视频，便于非 SketchUp 用户对该场景进行观看。

（1）单击"文件"＞"导出"＞"动画"＞"视频"，如图 6-56 所示，打开"输出动画"对话框，指定输出视频的存储路径和文件名并设置输出的格式为 MP4，如图 6-57 所示。

（2）单击"输出动画"对话框右下角的"选项"

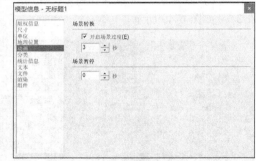

图 6-55 "动画"选项卡

按钮，打开"动画导出选项"对话框，即可设置输出动画的"分辨率""帧速率""图像长宽比"等参数，如图 6-58 所示。设置好参数后，单击"确定"按钮，返回"输出动画"对话框。

图 6-56 导出动画　　　　　　　图 6-57 "输出动画"对话框

（3）单击"导出"按钮后开始输出视频，并显示图 6-59 所示的对话框。输出完成后，可以通过计算机的视频播放软件欣赏制作的漫游动画。

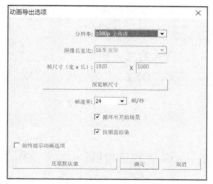

图 6-58　设置视频参数

图 6-59　输出动画进度

## 【任务评价】

本任务完成情况由教师进行评价，评价标准如下表所示。

| 类别 | 评价标准 | 分数 | 获得分数 |
|---|---|---|---|
| 技术运用（50%） | 能够熟练地使用 AutoCAD 软件对图纸进行整理 | 10 | |
| | 能够运用所学知识制作出建筑的整体造型 | 40 | |
| 制作效果（45%） | 整体制作效果好，材质合理、纹理清晰 | 15 | |
| | 模型比例符合任务标准 | 15 | |
| | 细节内容表达清楚 | 15 | |
| 提交文档（5%） | 提交的图片视角合理且清晰 | 5 | |

# 6.2　项目小结及课后作业

## 项目小结

本项目主要介绍了将 AutoCAD 图纸导入 SketchUp 中进行建模的方法，通过详细的步骤操作和微课视频中的演示，让读者能够熟练掌握这种方法，以便在以后的建模中更加高效地完成建筑物模型的制作。

## 课后作业

### 1．单选题

（1）将 AutoCAD 图纸导入 SketchUp 中前应该先完成（　　）操作。

A．输出图纸　　　　　　B．整理图纸　　　　　　C．修改图纸　　　　　　D．查看图纸

（2）用 SketchUp 建模时，通常使用的单位是（　　）。

A．m　　　　　　　　B．cm　　　　　　　　C．mm　　　　　　　　D．km

（3）设置好相机位置后，单击左侧工具栏中的（　　）工具后，可以看到"视角"数值框。

A．"拉伸"　　　　　　B．"缩放"　　　　　　C．"平移"　　　　　　D．"复制"

（4）若场景动画的播放速度过快，可以通过修改（　　）参数对其进行设置。

A．场景管理器　　　　B．场景过渡　　　　C．场景转换　　　　D．场景暂停

2．多选题

（1）SketchUp 支持从 AutoCAD 导出的（　　）格式的二维图形。

A．3DS　　　　　　　B．OBJ　　　　　　　C．DXF　　　　　　　D．DWG

（2）SketchUp 可以输出（　　）格式的视频。

A．.AVI　　　　　　　B．.WEBM　　　　　　C．.OGV　　　　　　D．.MP4

（3）（　　）是制作场景动画时需要的工具。

A．"漫游"　　　　　　B．"绕轴旋转"　　　　C．"定位相机"　　　　D．"卷尺"

3．判断题

（1）可用 SketchUp 制作贴图材质。（　　　　）

（2）已经赋予模型的纹理贴图不能修改。（　　　　）

（3）SketchUp 可以在移动模型的同时复制模型。（　　　　）

4．操作题

运用本项目所学建模方法制作世界知名建筑——埃西里克住宅（见图 6-60）。

图 6-60　埃西里克住宅

# 项目 **7**

# SketchUp 在园林景观设计中的运用

**项目导航**

　　本项目详细介绍如何将在 AutoCAD 中绘制好的园林景观图纸导入 SketchUp，对创建好的模型进行材质的赋予，以及景观小品、植物组件的导入等操作，最终完成场景模型的制作。通过对本项目的学习，读者可以了解园林景观设计的相关知识。进行园林景观设计时，不仅要从周围环境要素出发进行整体考虑，还要使得建筑（群）与自然环境相呼应，使其看起来更方便、更舒适，以提高其整体的艺术价值。

**知识目标**

● 使用 SketchUp 与其他软件配合完成模型的创建。
● 熟练掌握材质的赋予方法和组件的导入操作。

**技能目标**

● 熟练掌握将文件从 AutoCAD 导入 SketchUp 的方法。
● 巩固给创建的模型赋予不同材质的方法。
● 灵活导入已有的组件和模型素材，提升建模速度。
● 通过添加场景来制作漫游动画。

**素养目标**

● 培养读者的传统审美修养。
● 让读者了解园林景观模型的创建方法；通过整体场景的搭建及对细节的不断完善，培养读者精益求精的工匠精神。

## 7.1 任务1：园林 AutoCAD 图纸整理

**【任务描述】**

本节将创建苏州拙政园中部分景观的模型，拙政园共分为西区、中区和东区 3 个部分，如图 7-1 所示。由于苏州拙政园较大，本案例仅以其西区景观为例进行讲解。西区为原来的"补园"，面积约为 12.5 亩（1 亩=666.7 平方米），其布局紧凑，景色秀美。下面将通过 AutoCAD 平面布置图来完成拙政园西区模型的制作，完成效果如图 7-2 所示。

图 7-1　拙政园平面图

图 7-2　模型完成效果图

**【任务实施】**

按照下面的子任务分步进行建模操作。

### 7.1.1　子任务1：AutoCAD 图纸整理

在将 AutoCAD 图纸导入 SketchUp 之前，需要对图纸内容进行整理，删除图纸中多余的信息，保留有用的图纸内容即可。然后对 SketchUp 的场景进行相关设置，以便后续的操作。

（1）打开 AutoCAD，打开"素材 7-1 拙政园西区和中区平面图.dwg"文件，如图 7-3 所示。

（2）单击"图层特性"按钮，如图 7-4 所示，打开图层特性管理器窗口，保留对建模有用的图层，将道路、沿岸线、建筑等图层打开，再将其余图层删除，如图 7-5 所示。在不可删除的图层较多的情况下，可选择新建 AutoCAD 文档。

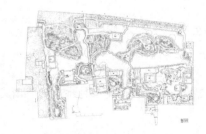

图 7-3　拙政园西区和中区 AutoCAD 图纸

图 7-4　单击"图层特性"按钮

（3）单击菜单栏中的"新建"按钮，在打开的"选择样板"对话框中选择"acad"标准绘图样式并单击"打开"按钮，如图 7-6 所示。

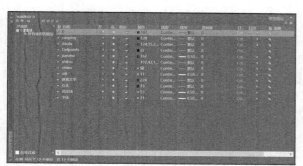

图 7-5　保留有用图层

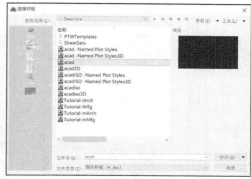

图 7-6　"选择样板"对话框

（4）切换到"拙政园平面"文档，框选绘图区中显示的所有图形，如图 7-7 所示。再单击鼠标右键，选择"复制选择"选项，如图 7-8 所示。

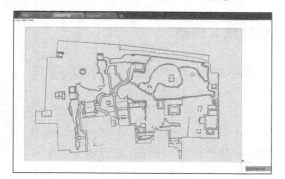

图 7-7　框选图形

图 7-8　复制选择

（5）切换到新建的"Drawing1"文档中，单击鼠标右键，选择"剪贴板">"粘贴"选项，如图 7-9 所示。再在绘图区中指定插入点，复制的内容将粘贴到"Drawing1"文档的空白绘图区中，如图 7-10 所示。这样操作后，现有文档中的图层较之前的文档明显减少，有利于提高建模速度。

图 7-9　粘贴已复制的内容

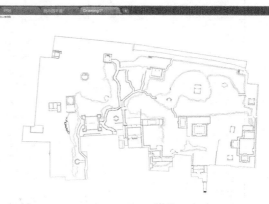

图 7-10　完成效果

（6）单击"文件">"另存为">"图形"，如图 7-11 所示，将文件另存为"简化拙政园平面.dwg"文件，如图 7-12 所示。

图 7-11　将当前文件另存为图形

图 7-12　修改文件名

## 7.1.2　子任务 2：导入 AutoCAD 图纸并调整

将之前整理好的 AutoCAD 图纸导入 SketchUp 中，只保留西区的图纸内容，具体操作内容如下。

**1．导入图纸**

（1）单击"文件" > "导入"，如图 7-13 所示。在弹出的"打开"对话框中选择"简化拙政园平面.dwg"文件，然后单击"选项"按钮，在弹出的"导入 AutoCAD DWG/DXF 选项"对话框中，勾选"合并共面平面"选项与"平面方向一致"选项，并将"单位"设置为"毫米"，单击"确定"按钮。

（2）返回"打开"对话框，单击"打开"按钮，完成 AutoCAD 图纸的导入操作，如图 7-14 所示。

导入 AutoCAD
图纸并调整

图 7-13　导入

图 7-14　完成 AutoCAD 图纸的导入操作

**2．调整图纸**

（1）将 AutoCAD 图纸导入 SketchUp 后，单击图纸将其选中，单击鼠标右键，选择"分解"

选项，如图 7-15 所示，将图纸内容分解成单独线条。

（2）由于本项目只详细讲解拙政园西区的建模方法，因此使用鼠标配合键盘上的 Delete 键与"擦除"工具，将中区和东区的线条擦除，如图 7-16 所示。

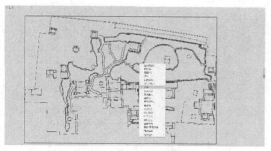
图 7-15　分解图纸

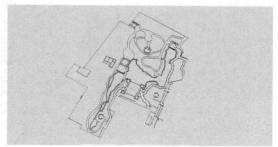
图 7-16　删除多余部分

## 7.2　任务 2：园林主体处理

**【任务描述】**

本任务主要进行园林主体处理，包括创建景观模型框架和对模型进行材质贴图。

**【任务实施】**

按照下面的子任务分步制作模型。

创建景观模型
框架 1-确定
建筑位置

### 7.2.1　子任务 1：创建景观模型框架

拙政园西区的景观大致可按照建筑、道路和水景、围墙、绿地几个部分进行建模。

**1．确定建筑位置**

（1）将场景中剩余的线条全部选中，单击鼠标右键，创建群组，如图 7-17 所示。

（2）启用"直线"工具或"矩形"工具，对场景内的建筑平面进行闭合处理，以确定后续建筑模型组件的导入位置，并删除多余的线条，如图 7-18 所示。

**2．确定道路和水景位置**

（1）启用"直线"工具或"圆弧"工具，沿线稿描出场景中的道路及场景的外轮廓线，如图 7-19 所示。

（2）仔细检查模型内部，启用"直线"工具，将场景中水景部分的线条封闭，以形成闭合面，如图 7-20 所示。

创建景观模型
框架 2-确定
道路和水景位置

（3）场景中的水景平面被石桥分为上、下两个部分，启用"偏移"工具，将上半部分的水景平面分别向外偏移 3 次，偏移距离分别为 300mm、600mm 和 900mm；再启用"擦除"工具把重合线条和多余线条擦除，如图 7-21 所示。

（4）启用"推/拉"工具，将水景平面向下推 600mm，将紧挨水面的台阶依次向下推 400mm 和 200mm，如图 7-22 所示。

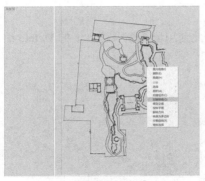
图 7-17　创建群组

图 7-18　定位建筑平面

图 7-19　绘制场景中的道路及场景的
外轮廓线

图 7-20　封闭水景线条

图 7-21　偏移平面并擦除线条

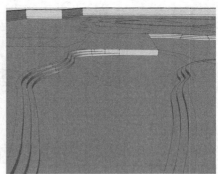
图 7-22　制作水景台阶

### 3. 制作围墙

（1）捕捉围墙平面的一个端点，启用"直线"工具，参考图 7-23 的尺寸绘制出围墙的立面。

（2）启用"路径跟随"工具，将鼠标指针移动到围墙立面上，单击，沿着变红的外轮廓线进行路径跟随，如图 7-24 所示。

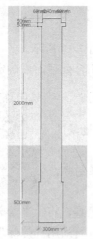
图 7-23　绘制围墙立面

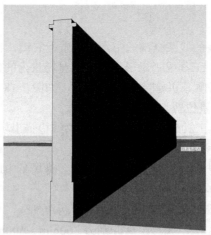
图 7-24　制作围墙

创建景观模型框
架 3-制作围墙

（3）最终的转角处没有闭合，可以用"直线"工具手动描线将其闭合，以完成围墙的制作，如图 7-25 所示。

#### 4．制作绿地

（1）由于从 AutoCAD 中输出图纸时道路线条有缺失，因此需要启用"圆弧"工具，参考另一侧道路将其补全，再启用"偏移"工具，将道路向外侧偏移 150mm，如图 7-26 所示。

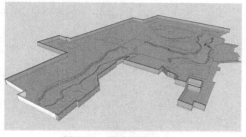

图 7-25　围墙制作完成

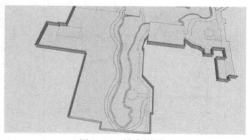

图 7-26　补全道路

（2）偏移后会产生交叉线条，启用"擦除"工具将多余线条擦除，如图 7-27 所示。

（3）区分出道路和绿地的范围后，即完成绿地的绘制，如图 7-28 所示。

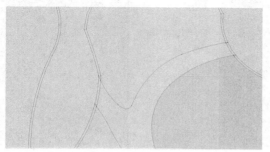

图 7-27　删除交叉线条

图 7-28　区分道路和绿地

## 7.2.2　子任务 2：对模型进行材质贴图

上一小节完成了模型框架的创建，本小节将为模型赋予材质，以更好地区分已完成部分，便于后续进行细节处理。

#### 1．道路材质

（1）道路的材质主要分为两种：道路主体的材质和两侧路沿的材质。单击"材质"工具图标，弹出"材质"面板，在其中选择"石头"选项，如图 7-29 所示。选择"灰色石板铺路石"作为道路主体的材质，如图 7-30 所示。

（2）将选择的材质赋予所有的道路主体，如图 7-31 所示。

（3）单击"材质"工具图标，弹出"材质"面板，选择"蓝黑色花岗岩石"作为两侧路沿的材质，如图 7-32 所示。

（4）用相同的材质填充水景平面周围的台阶，注意台阶的侧面也要填充上，如图 7-33 所示。

对模型进行材质贴图 1-设置道路材质

#### 2．绿地、水景材质

（1）单击"材质"工具图标，弹出"材质"面板，在其中选择"植被"选项后，找到"草皮植被 1"，将场景中除去建筑基地和长廊位置的地面填充上该材质，如图 7-34 所示。

对模型进行材质贴图 2-设置绿地、水景材质

（2）继续单击"材质"工具图标 ◈，弹出"材质"面板，在其中选择"水纹"选项后，找到"深水水纹"，为场景中的水池表面填充上该材质，如图 7-35 所示。

  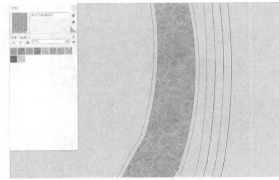

图 7-29　选择"石头"选项　图 7-30　选择材质　　　　　图 7-31　为道路主体赋予材质

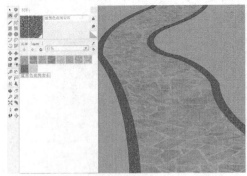 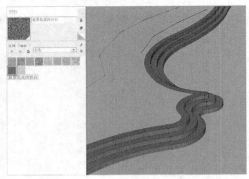

图 7-32　为两侧路沿填充材质　　　　　图 7-33　为台阶填充材质

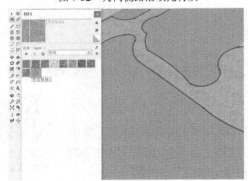 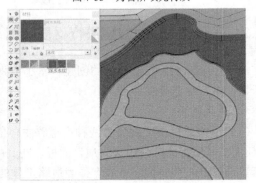

图 7-34　为绿地填充材质　　　　　图 7-35　为水池填充材质

### 3. 围墙材质

（1）为围墙赋予材质主要分为 3 个部分：上部为瓦片，中部保持原有白墙可以不用填充，下部为灰砖。单击"材质"工具图标 ◈，弹出"材质"面板，当软件中没有合适的贴图时，单击 按钮，打开"创建材质"对话框，如图 7-36 所示。单击"浏览材质文件"按钮 后，找到"模型素材"文件夹中的"瓦片贴图"，单击"打开"按钮，如图 7-37 所示。

对模型进行材质贴图 3-设置围墙材质

（2）完成贴图的添加后，鼠标指针变为 ◈ 形状，即可开始对选定对象进行材质设置，如图 7-38 所示。观察模型发现原始贴图的纹理太密集，可以修改贴图的"纹理"参数，如图 7-39 所示。

图 7-36　"创建材质"对话框

图 7-37　添加材质贴图

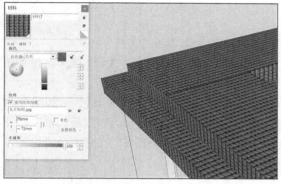

图 7-38　设置围墙上部材质

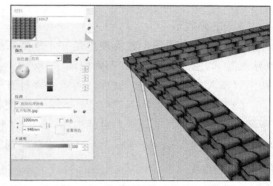

图 7-39　修改贴图的"纹理"参数

（3）围墙中部为白色，此处可以保留原始材质。由于 SketchUp 的原始材质有正反之分，因此要把蓝灰色的面选中并单击鼠标右键，选择"反转平面"选项，如图 7-40 所示。按照同样的方法将围墙中部所有的蓝灰色面都反转成白色面。

（4）围墙下部的材质为灰砖，参考上部的制作方法为其添加"灰砖贴图"，修改"纹理"参数如图 7-41 所示。

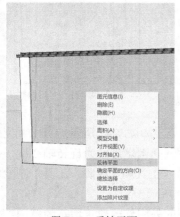

图 7-40　反转平面

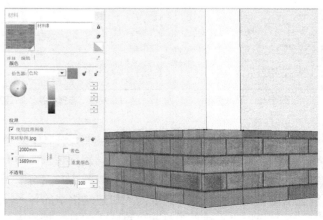

图 7-41　修改"灰砖贴图"的"纹理"参数

## 7.3 任务 3：园林细节处理

### 【任务描述】

上一节已经完成了模型的初步制作，接下来将导入场景中的其他模型及组件，并对滨水建筑进行细节处理，使场景中的层次更加丰富。

### 【任务实施】

按照下面的子任务分步制作模型。

### 7.3.1 子任务 1：组件的导入

**1. 主要建筑**

（1）场景中的各个建筑模型是在"模型素材"文件夹中，先单击"文件" >

组件的导入 1-
导入次入口
建筑模型

"导入"，如图 7-42 所示。在弹出的"打开"对话框中，选择"文件类型"为"*.skp"，找到并选中"次入口建筑模型"文件，再单击"打开"按钮，如图 7-43 所示。

（2）将模型导入次入口位置后，为了方便移动模型，单击"视图" > "工具栏"，如图 7-44 所示。在打开的"工具栏"对话框中，勾选"样式"选项，如图 7-45 所示。完成后，可以打开"样式"工具栏，如图 7-46 所示。单击最左侧的"X 光透视模式"按钮，在有遮挡时也能方便地移动模型。

图 7-42 导入模型

图 7-43 选择"次入口建筑模型"文件

图 7-44 打开"工具栏"
对话框

（3）启用"移动"工具，将次入口建筑模型移动到围墙端点处，如图 7-47 所示。启用"旋转"工具，保持绕蓝色轴线旋转后，指定旋转轴心为右侧端点并选择围墙边线为旋转轴心线，使次入口建筑模型方向与围墙一致，如图 7-48 所示。启用"直线"工具和"擦除"工具，删除重叠围墙后再补齐缺面，完成次入口建筑模型的导入，如图 7-49 所示。

（4）启用"直线"工具和"擦除"工具，沿次入口建筑模型的外围修改建筑地基的范围，并单击"材质"工具图标，将建筑地面的材质与道路材质统一，如图 7-50 所示。

图 7-45　勾选"样式"选项

图 7-46　"样式"工具栏

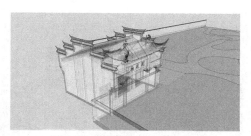

图 7-47　移动模型至围墙端点处

图 7-48　旋转模型至与围墙平齐

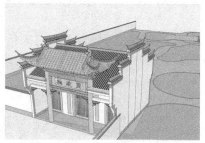

图 7-49　删除重叠围墙

（5）使用相同的方法导入"建筑 1"，并将其置于西南侧，如图 7-51 所示。

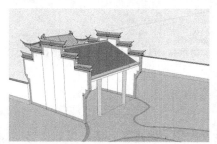

图 7-50　次入口建筑模型的地面效果

图 7-51　导入"建筑 1"模型

### 2．导入滨水建筑模型

（1）依次导入"滨水建筑 1""滨水建筑 2""滨水建筑 3"文件，完成后的效果如图 7-52 所示。

（2）"滨水建筑 3"的地基面积较大，为了丰富场景，可以在该建筑的角点处再导入"四角凉亭 2"模型，选中凉亭的左边中点，将其对齐到平台左侧顶点处，如图 7-53 所示。

（3）启用"移动"工具，移动"滨水建筑 2"的左上角端点，将其对齐到"四角凉亭 2"的右侧边中点处，为了更方便地寻找中点可以进入"X 光透视模式"，如图 7-54 所示。

（4）选中"四角凉亭 2"模型，在按住 Ctrl 键的同时启用"移动"工具，鼠标指针右下方出现"+"形状后，分别复制 3 个相同模型，并将它们移动至另外 3 个角点处，退出"X 光透视模式"，如图 7-55 所示。

组件的导入 2-导
入滨水建筑模型

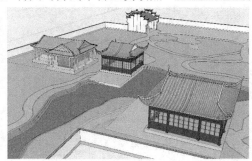

图 7-52　导入滨水建筑

图 7-53　导入四角凉亭

图 7-54　移动滨水建筑

（5）启用"直线"工具和"擦除"工具，根据凉亭的位置修改建筑地基的范围，并单击"材质"工具图标，将建筑地面的材质与道路材质统一，如图 7-56 所示。

图 7-55　复制四角凉亭

图 7-56　统一建筑地面材质与道路材质

## 7.3.2　子任务 2：场景细节的刻画

场景中的水面上有一座石桥，连接着两岸的滨水建筑，通过该石桥可以到达另一侧的滨水建筑。下面制作石桥与滨水平台，并刻画场景细节。

### 1. 石桥的制作

（1）启用"矩形"工具，在水面上绘制一个尺寸为 1800mm×1200mm 的矩形，如图 7-57 所示。

（2）双击选择绘制的矩形，单击鼠标右键后选择"创建群组"选项，如图 7-58 所示。

场景细节刻画 1-
石桥的制作

图 7-57　绘制矩形

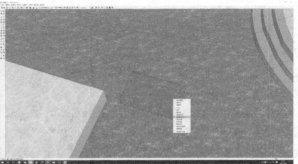

图 7-58　选择"创建群组"选项

（3）创建群组后启用"移动"工具，捕捉矩形左下角的端点，将其移动至石桥角点处；再启用"旋转"工具，选择矩形左下角的端点为轴心点，指定石桥边线为轴心线，旋转矩形使其与石桥边平齐，如图 7-59 所示。

（4）双击进入群组后，单击"材质"工具图标 ，选择"在模型中的样式"选项，选择场景中已有的"灰砖贴图"，为矩形平面该填充材质，如图 7-60 所示。

图 7-59　使矩形边线与石桥边线平齐

（5）启用"推/拉"工具，将矩形向上推 80mm，完成石桥平面的绘制，如图 7-61 所示。

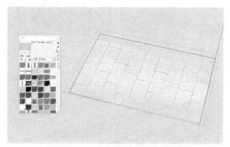

图 7-60　为矩形填充材质

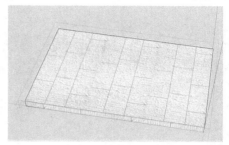

图 7-61　创建石桥平面

（6）启用"矩形"工具，在石桥平面左下角处绘制一个尺寸为 100mm×100mm 的矩形后，双击选中矩形并单击鼠标右键，选择"创建群组"选项。再双击进入群组，启用"推/拉"工具，将该矩形向上推 1100mm，完成石桥栏杆石柱的绘制，如图 7-62 所示。

（7）退出石柱群组后，启用"移动"工具，并按住 Ctrl 键，待鼠标指针右下方出现"+"形状后选择合适的石柱端点对其进行移动复制，完成剩下 3 根石柱的绘制，如图 7-63 所示。

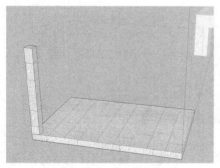

图 7-62　创建栏杆石柱

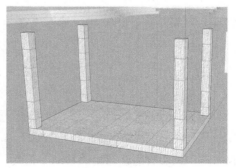

图 7-63　创建 4 根石柱

（8）在位于同一长边的两根石柱中间启用"直线"工具，在距离石桥平面 100mm 的位置绘制一个尺寸为 600mm×1600mm 的矩形栏杆侧挡，如图 7-64 所示。

（9）双击选中矩形栏杆侧挡并单击鼠标右键，选择"创建群组"选项，再双击进入群组，启用"推/拉"工具，将矩形栏杆侧挡向后推 80mm，如图 7-65 所示。

（10）在矩形栏杆侧挡上方 100mm 处，启用"直线"工具绘制一个尺寸为 100mm×1600mm 的矩形栏杆扶手，创建群组，再将其向后推 80mm，完成矩形栏杆扶手的制作，如图 7-66 所示。

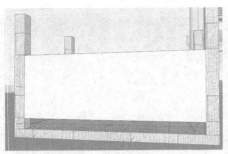

图 7-64　创建矩形栏杆侧挡

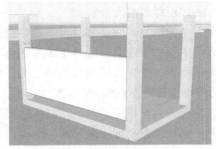

图 7-65　推拉矩形栏杆侧挡

（11）双击进入矩形栏杆侧挡群组，启用"偏移"工具，以矩形栏杆侧挡的 4 条边为偏移对象，向内偏移 40mm，如图 7-67 所示。

图 7-66　制作矩形栏杆扶手

图 7-67　制作矩形栏杆侧挡的装饰（1）

（12）选中内侧矩形，启用"推/拉"工具，将矩形向后推 20mm，如图 7-68 所示。

（13）退出群组，单击"材质"工具图标，将侧挡和扶手的材质与石柱统一，完成后的效果如图 7-69 所示。

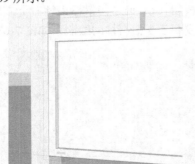

图 7-68　制作矩形栏杆侧挡的装饰（2）

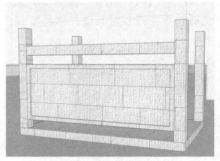

图 7-69　填充材质

（14）选中扶手群组，启用"移动"工具，并按住 Ctrl 键，待鼠标指针右下方出现"+"形状后选择合适的扶手端点，复制出第二个扶手并将其沿红色轴线移动到对侧栏杆对应高度处，如图 7-70 所示。

（15）选中矩形栏杆侧挡群组，启用"移动"工具，并按住 Ctrl 键，待鼠标指针右下方出现"+"形状后选择合适的端点，复制出第二个矩形栏杆侧挡并将其沿红色轴线移动至对侧矩形栏杆侧挡对应高度处，如图 7-71 所示。由于侧挡有凹凸面，因此需要更换其方向，启用"缩放"工具，选中对侧矩形栏杆侧挡板，再选中图 7-72 所示的角点，沿红色轴线对其进行缩放，并在右下角的"沿红轴缩放比例"输入框中输入"−1"。

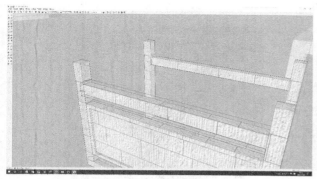

图 7-70　复制矩形扶手

图 7-71　复制矩形栏杆侧挡板

（16）将矩形栏杆侧挡水平翻转后的效果如图 7-73 所示，再启用"移动"工具，对齐挡板外侧，如图 7-74 所示。石桥最终效果如图 7-75 所示。

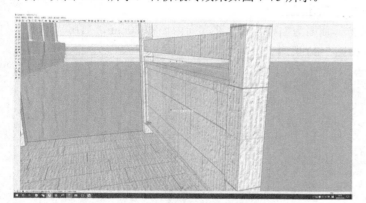

图 7-72　缩放矩形栏杆侧挡

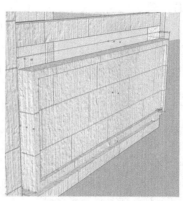

图 7-73　水平翻转后的矩形栏杆侧挡

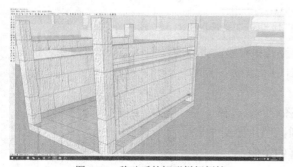

图 7-74　移动后的矩形栏杆侧挡

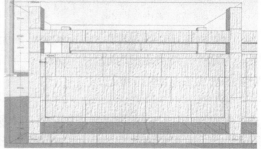

图 7-75　石桥最终效果

（17）将石桥群组沿着原有参考线进行移动复制，在转弯处启用"直线"工具对线条进行闭合处理，最后为所有石桥填充一致的材质，参考效果如图 7-76 所示。

（18）按住 Ctrl 键，选中所有石桥群组后，将它们创建为一个群组。再启用"移动"工具，将石桥向上推 600mm（与两侧平台平齐），如图 7-77 所示，完成石桥的制作。

场景细节刻画 2-
滨水平台的制作

**2. 滨水平台的制作**

（1）启用"直线"工具和"擦除"工具，将滨水平台的建筑地基与建筑外轮廓线修改至平齐，并统一它们的填充材质，如图 7-78 所示。

图 7-76  完成的石桥模型

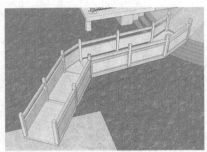

图 7-77  移动石桥至与两侧平台平齐

（2）参考石桥的建模方法完成木质栏杆的绘制，启用"矩形"工具，在平台端点处绘制一个尺寸为 100mm×100mm 的矩形。双击选中矩形，创建群组后双击进入群组，启用"推/拉"工具，将矩形向上拉 1000mm，如图 7-79 所示。

（3）启用"偏移"工具，以长方体顶面为偏移对象，将其向内偏移 20mm，启用"推/拉"工具，将内侧矩形向上拉 10mm，如图 7-80 所示。

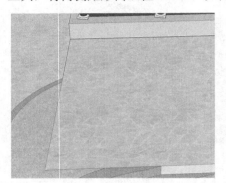

图 7-78  修改地基轮廓

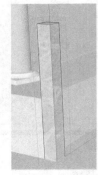

图 7-79  高 1000mm 的矩形木柱

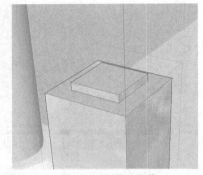

图 7-80  制作长方体

（4）启用"偏移"工具，以小长方体顶面为偏移对象，将其向外偏移 20mm，启用"推/拉"工具，将内、外侧矩形均向上拉 100mm，再启用"擦除"工具删除多余线条，如图 7-81 所示。

（5）退出栏杆群组后，单击"材质"工具图标 ，选择"在模型中的样式"选项，选择场景中已有的木质贴图，如图 7-82 所示，选中栏杆群组进行填充，完成木质栏杆的绘制。

（6）启用"移动"工具，并按住 Ctrl 键，待鼠标指针右下方出现"+"形状后选择木柱的左侧端点，沿地基边线对其进行移动复制，移动距离为 2000mm，完成第二根木柱的绘制，如图 7-83 所示。

（7）启用"直线"工具，绘制一个距离木柱下方 150mm 的

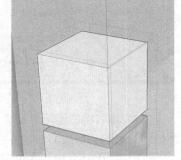

图 7-81  制作木柱上方的正方体

尺寸为 1900mm×20mm 的矩形，并将所绘矩形创建为群组，如图 7-84 所示。

（8）双击进入群组，启用"推/拉"工具，将矩形向后推 100mm，再调整其宽度，将其往前后各推拉 20mm，如图 7-85 所示。

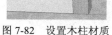

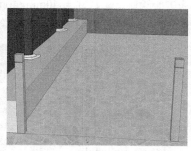

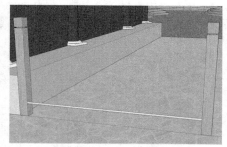

图 7-82　设置木柱材质　　　　图 7-83　绘制完成第二根木柱　　　　图 7-84　绘制栏杆上的木条

（9）启用"移动"工具，并按住 Ctrl 键，待鼠标指针右下方出现"+"形状后选择木条上方端点，沿蓝色轴线对其进行移动复制，移动距离 600mm。再继续移动复制出一根木条，移动距离为 150mm，效果如图 7-86 所示。

（10）绘制栏杆中间的隔条。启用"直线"工具在水平木条正中间从上至下绘制一个矩形，尺寸为 750mm×60mm。再创建群组并进入群组，启用"推/拉"工具把矩形向左、向右分别推拉 30mm，如图 7-87 所示。

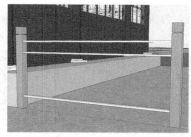

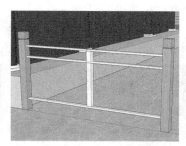

图 7-85　绘制木条　　　　　图 7-86　移动复制木条　　　　　图 7-87　制作中间隔条

（11）为了区分其他隔条，启用"推/拉"工具把中间隔条的底部推拉至与两侧木柱底部平齐，如图 7-88 所示。

（12）左右两侧需要增加隔条，在下面两根水平木条的中间绘制一条直线段，长度为 920mm，选中直线段，单击鼠标右键，选择"拆分"选项，如图 7-89 所示。

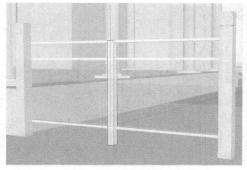

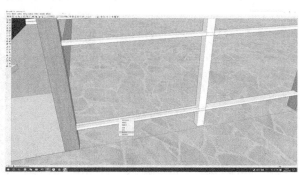

图 7-88　修改中间隔条的长度　　　　　　　　图 7-89　拆分线条

（13）使鼠标指针在直线段上移动，当出现 4 个点时停止移动，此时直线段被分成了 4 段，每段长 230mm，如图 7-90 所示。

（14）启用"直线"工具，以左侧端点为中心绘制一个尺寸为 40mm×40mm 的矩形，创建群组后进入群组，使用"推/拉"工具将其向上拉 580mm，完成第一根细隔条的绘制，如图 7-91 所示。

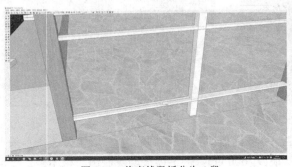

图 7-90　将直线段拆分为 4 段　　　　　　　　图 7-91　绘制第一根细隔条

（15）启用"移动"工具，并按住 Ctrl 键，待鼠标指针右下方出现"+"形状后选择细隔条的底面端点，对其进行移动复制，每次移动 230mm，重复移动两次，效果如图 7-92 所示。

（16）将 3 根隔条同时选中并创建群组后，复制到右侧的对应位置，两组隔条的间隔距离为 980mm，如图 7-93 所示。

（17）单击"材质"工具图标🖌，为所有栏杆群组统一填充木质贴图，再将多余的辅助线条删除，如图 7-94 所示。

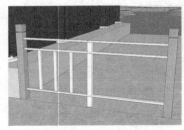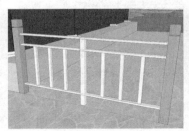

图 7-92　复制出另外两根隔条　　　　图 7-93　复制出另一侧隔条　　　　图 7-94　为栏杆填充材质

（18）按住 Ctrl 键，连续选中所有栏杆群组后，将它们创建成一个群组，如图 7-95 所示。

（19）选中栏杆群组，围绕平台四周对其进行移动复制，如图 7-96 所示。

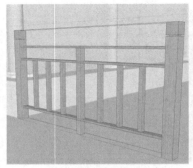

图 7-95　创建栏杆群组　　　　　　　　图 7-96　围绕平台移动复制栏杆

（20）若转角处和石桥交会处不能完整地使用一个栏杆群组，则启用"直线"工具和"推/拉"工具进行处理，如图 7-97 所示。

（21）完成后将所有栏杆再次创建成群组，完成滨水平台的绘制，如图 7-98 所示。

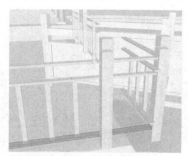

图 7-97　补充转角处的栏杆

图 7-98　滨水平台完成效果

## 7.4　任务 4：景观小品的布置

### 【任务描述】

场景中除了滨水建筑和园区建筑外，还有一些景观小品，它们起到了画龙点睛的作用，可以很好地在园林景观中点缀环境、活跃景色和烘托静谧的氛围。

### 【任务实施】

按照下面的子任务分步制作模型。

### 7.4.1　子任务 1：凉亭组件的导入

园区内共有大小凉亭 5 个，以水池为中心，各个亭台楼榭皆临水而建，有的亭榭直出水中，具有江南水乡的特色。

下面对其操作过程进行详细介绍。

（1）根据建筑地基的线框可以对应地导入四角或六角造型的凉亭。从西门进入，调整模型视角，在正对的矩形地基上打开本项目配套素材，即"四角凉亭 1"文件，如图 7-99 所示。

凉亭组件的导入

（2）启用"移动"工具，将导入模型的石柱基点对齐至建筑基线的端点。再启用"旋转"工具，在保持沿蓝色轴线旋转的基础上，选择石柱的右下角端点为轴心点，指定石柱边线为轴心线旋转凉亭使凉亭与地基边平行，如图 7-100 所示。

（3）启用"移动"工具，选择石柱中点为移动基点，将凉亭模型移动至水面的一个角点上，如图 7-101 所示。

（4）启用"直线"工具、"擦除"工具，并配合"材质"图标，修改建筑地基边线与道路，使它们与模型更协调，如图 7-102 所示。

（5）在凉亭入口处启用"直线"工具，绘制一个尺寸为 1500mm×300mm 的矩形，并将矩形创建为群组，如图 7-103 所示。

（6）启用"卷尺"工具，测量出凉亭地平面与道路的高度差为 288mm，可以设计两个台阶，每个台阶的高度为 144mm。双击矩形群组，启用"推/拉"工具，将矩形向下推 144mm，如图 7-104 所示。

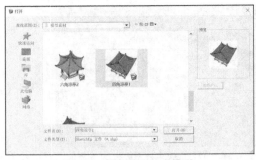

图 7-99　导入四角凉亭模型

图 7-100　旋转凉亭至与地基边平行

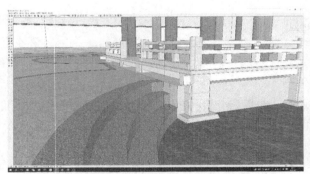

图 7-101　移动凉亭至水面一个角点上

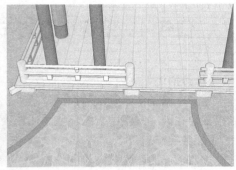

图 7-102　修改地基边线与道路

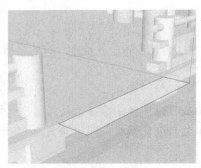

图 7-103　绘制矩形

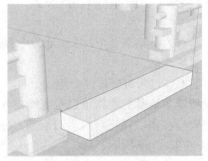

图 7-104　完成台阶的绘制

（7）启用"移动"工具，并按住 Ctrl 键，待鼠标指针右下方出现"+"形状后，选择台阶侧面的左上角端点为移动基点，对其进行移动复制，将其复制到台阶侧面右下角的位置，如图 7-105 所示。

（8）将绘制好的两个台阶选中，单击"材质"工具图标，为它们填充与凉亭地面相同的材质，并将两个台阶创建为一个群组，如图 7-106 所示。

（9）启用"移动"工具，并按住 Ctrl 键，待鼠标指针右下方出现"+"形状后选择台阶端点，对其进行移动，将其复制到凉亭另一侧的入口处。启用"旋转"工具，在保持沿蓝色轴线旋转的基础上，选择台阶端点为轴心点，指定凉亭地面边线为轴心线旋转台阶，使台阶与边线平齐，如图 7-107 所示。

（10）重复上一步操作，复制出第三个入口处的台阶，如图 7-108 所示。

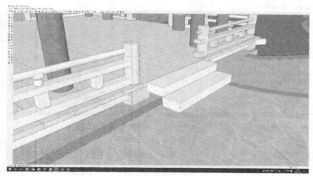

图 7-105　移动复制出第二个台阶

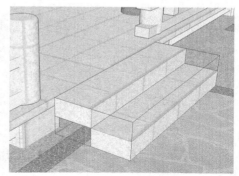

图 7-106　为台阶填充材质

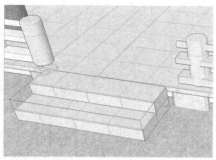

图 7-107　移动复制出第二个入口处的台阶

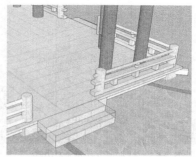

图 7-108　移动复制出第三个入口处的台阶

（11）第四个入口临湖，需要修改该处的栏杆。启用"圆"工具绘制一个半径为 37mm 的圆形，在将其创建成群组后，双击进入群组启用"推/拉"工具，将圆形推拉至圆柱上，如图 7-109 所示。

（12）启用"矩形"工具，参考第二根栏杆的截面绘制一个矩形，将其创建成群组，再进入群组启用"推/拉"工具，将矩形推拉至圆柱上，如图 7-110 所示。

图 7-109　制作第一根栏杆

图 7-110　制作第二根栏杆

（13）参照上一步操作，绘制出第三根栏杆，如图 7-111 所示。

（14）单击"材质"工具图标 ，在打开的"材料"面板中单击"样本颜料"图标 ，吸取凉亭石柱上的材质，如图 7-112 所示。

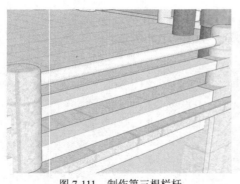

图 7-111　制作第三根栏杆

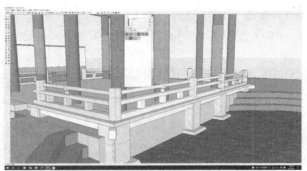

图 7-112　单击"样本颜料"图标

（15）单击"材质"工具图标，为凉亭的扶手全部填充上上一步吸取的材质，如图 7-113 所示。

（16）参考四角凉亭的导入方法，依次完成剩余凉亭模型的导入和细节调整，如图 7-114 所示。

图 7-113　完成凉亭扶手材质的填充

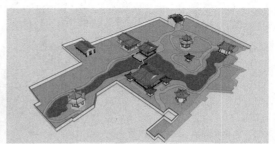

图 7-114　导入所有凉亭模型

## 7.4.2　子任务 2：廊道组件的导入

廊，在园林景观中是一种"虚"的建筑形式，具体表现为两排列柱顶着一个不太厚实的屋顶，其作用是把园内的各单体建筑连在一起。廊一边通透，利用列柱、横楣构成一个取景框架，形成一个过渡空间，其造型别致曲折、高低错落。

下面对其操作过程进行详细介绍。

（1）根据建筑地基的线框可以对应地导入廊道模型，打开本项目配套素材，即"廊道"文件，如图 7-115 所示。

（2）启用"移动"工具，并按住 Ctrl 键，待鼠标指针右下方出现"+"形状后选择廊道端点，对其进行移动复制。启用"旋转"工具，

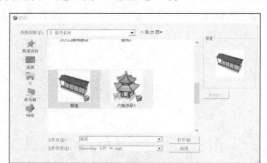

图 7-115　导入廊道模型

在保持沿蓝色轴线旋转的基础上，选择廊道端点为轴心点，沿地面基线进行旋转，如图 7-116 所示。

（3）重复上一步操作，依次完成所有廊道模型的导入，如图 7-117 所示。

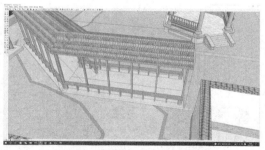

图 7-116　旋转复制后的廊道模型

图 7-117　完成廊道模型的导入

### 【任务描述】

植物有着美丽的形态和色彩，大小、形态各异的植物可以构建出变化丰富的空间，例如能形成开敞空间、半开敞空间、四周开敞的覆盖空间、封闭的空间等。我们可以用植物线条来组织空间视线，并利用植物的枝叶使生硬的建筑边缘变得柔和。本任务完成景观植物的布置。

### 【任务实施】

按照下面的子任务分步制作模型。

植物组件的
导入

### 7.5.1　子任务 1：植物组件的导入

由于整个模型场景较大，在导入植物模型时，因此可以分层次地导入体积中等的行道树、体积较大的乔木、低矮的灌木和装点水景的水培植物来丰富场景。

#### 1. 行道树组件的导入

（1）打开本项目配套素材，即"树 01"文件，如图 7-118 所示。

（2）将导入的行道树模型成组布置在场景中，如图 7-119 所示。

图 7-118　导入行道树模型

图 7-119　行道树导入完成效果

#### 2. 乔木组件的导入

（1）打开本项目配套素材，即"树 02"文件，如图 7-120 所示。

（2）将导入的高大乔木点缀在场景角落处的建筑周围，如图 7-121 所示。

图 7-120　导入"树 02"文件

图 7-121　乔木导入完成效果

### 3．灌木组件的导入

（1）打开本项目配套素材，即"树 03"文件，如图 7-122 所示。

（2）将导入的灌木摆放在水景四周，如图 7-123 所示。

图 7-122　导入"树 03"文件

图 7-123　第一种灌木导入完成效果

（3）打开本项目配套素材，即"树 04"文件，如图 7-124 所示。

（4）两种灌木都导入后的效果如图 7-125 所示。

图 7-124　导入"树 04"文件

图 7-125　第二种灌木导入完成效果

### 4．水景植物组件的导入

（1）打开本项目配套素材，即"荷花"文件，如图 7-126 所示。

（2）将荷花模型点缀在水景表面，完成后的效果如图 7-127 所示。

图 7-126　导入荷花模型

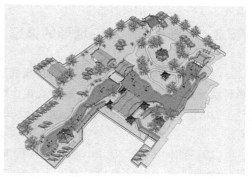

图 7-127　荷花导入完成效果

## 7.5.2　子任务 2：山石组件的导入

山石组件的
导入

运用山石点缀园林空间，可使整个园林充满自然气息。将山石组件与园林建筑、水景相结合，可以打破呆板和生硬的轮廓线，使场景更协调。

### 1. 驳岸石

（1）打开本项目配套素材，即"山石 1"文件，如图 7-128 所示。

（2）打开本项目配套素材，即"山石 2"文件，如图 7-129 所示。

图 7-128　导入"山石 1"模型

图 7-129　导入"山石 2"模型

（3）完成驳岸石和石桥旁山石模型的导入，效果如图 7-130 所示。

### 2. 散点石

打开本项目配套素材，将剩余的山石全部导入，将它们分别放置在水中、草坪上，以起到点缀和提示作用，最终效果如图 7-131 所示。

图 7-130　驳岸石及其他山石导入完成效果

图 7-131　山石导入完成效果

### 7.5.3　子任务 3：局部地形的调整

结合园区平面图可以发现场景有高低起伏变化，现在的模型较为平整，缺少高低变化，需要对局部地形进行调整。接下来对其操作过程进行详细介绍。

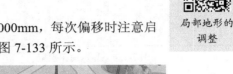

局部地形的
调整

（1）选择需要增加高度的场地，将场地中的原有模型进行隐藏，如图 7-132所示。

（2）启用"偏移"工具，依次将平面向内偏移 1000mm，每次偏移时注意启用 "擦除"工具把重叠线条擦除，最终完成效果如图 7-133 所示。

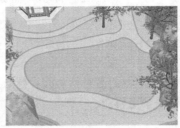
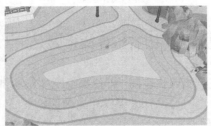

图 7-132　隐藏部分模型　　　　　　　　图 7-133　依次将平面向内偏移

（3）将所有偏移后的线条选中并创建成群组（坡地群组），双击进入群组，对其进行编辑，如图 7-134 所示。

（4）启用"推/拉"工具，从外向内将平面逐层拉高 500mm，完成后的效果如图 7-135 所示。

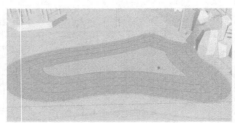

图 7-134　创建坡地群组　　　　　　　　图 7-135　拉高地形

（5）启用"擦除"工具，并结合 Delete 键，将多余的面和线条删除，只保留等高线部分，如图 7-136 所示。

（6）全选所有等高线，打开"沙盒"工具栏 ，启用左侧第一个工具"根据等高线创建沙盒"，完成地形的搭建，如图 7-137 所示。

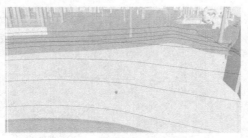

图 7-136　删除多余的面和线条　　　　　　图 7-137　生成沙盒地形

（7）单击"材质"工具图标🖌，为其填充材质，可以与草坪保持一致，也可以选用其他材质。完成后启用"移动"工具将坡地群组移动至与地面平齐，如图 7-138 所示。

（8）显示出已隐藏的建筑，再增加一些灌木模型以丰富场景，完成坡地的制作，如图 7-139 所示。

图 7-138　移动坡地至与地面平齐

图 7-139　丰富坡地场景

【任务评价】

本任务完成情况由教师进行评价，评价标准如下表所示。

| 类别 | 评价标准 | 分数 | 获得分数 |
|---|---|---|---|
| 技术运用（50%） | 能够熟练地对 AutoCAD 图纸进行整理 | 10 | |
| | 能够运用所学知识制作出园林景观的整体造型 | 40 | |
| 制作效果（45%） | 材质合理，纹理贴图清晰 | 15 | |
| | 植物、山石等比例协调 | 15 | |
| | 细节内容表达清楚 | 15 | |
| 提交文档（5%） | 提交的图片视角合理且清晰 | 5 | |

## 7.6　项目小结及课后作业

### 项目小结

本项目主要介绍了将已有的 AutoCAD 平面图纸导入 SketchUp 中进行建模的方法，有详细的步骤操作和微课视频，包括场景的搭建、建筑模型的导入、模型细节的调整、景观小品的布置，最终完成了拙政园西区的创建。希望读者能够通过本项目了解到园林景观的常用建模方法，并将其用到以后的模型制作中。

### 课后作业

1．单选题

（1）SketchUp 中绘制圆弧的工具有（　　）种。

A．1　　　　　　　　B．2　　　　　　　　C．3　　　　　　　　D．4

（2）（　　）工具可以实现将平面生成三维实体。

A．"缩放"　　　　　B．"移动"　　　　　C．"旋转"　　　　　D．"路径跟随"

（3）制作坡地时会用到（　　）工具栏。

A.“视图”　　　　　　　B.“截面”　　　　　　C.“沙盒”　　　　　　D.“样式”

（4）SketchUp 绘制的默认平面有（　　）个面。

A. 1　　　　　　　　　B. 2　　　　　　　　　C. 3　　　　　　　　　D. 0

（5）旋转模型时，若要保持模型在水平面上旋转，应该绕（　　）旋转。

A. 红色轴线　　　　　　B. 绿色轴线　　　　　　C. 蓝色轴线　　　　　D. 任意轴线

2．多选题

（1）建模时如果模型被遮挡，可以使用（　　）工具。

A.“X 光透视模式”　　B.“后边线”　　　　　　C.“线框显示”　　　D.“单色显示”

（2）使用“偏移”工具可以实现（　　）效果。

A. 向内收缩面　　　　　B. 向外放大面　　　　　C. 偏移直线　　　　　D. 偏移弧线

（3）我们主要用“沙盒”工具栏中的（　　）工具创建地形。

A.“根据等高线创建”　B.“根据网格创建”　　C.“曲面起伏”　　　D.“曲面平整”

（4）对已有的材质可以进行（　　）的编辑。

A. 颜色　　　　　　　　B.“纹理”参数　　　　　C. 不透明度　　　　　D. 名称

3．操作题

运用本项目所学的景观建模方法完成怡园模型的制作（见图 7-140）。

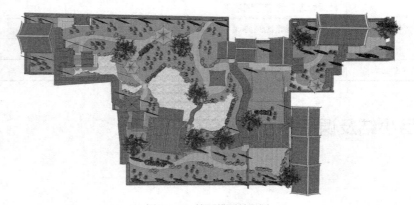

图 7-140　怡园模型效果图

扩展模块

# 项目 8

# V-Ray for SketchUp 渲染

**项目导航**

使用 SketchUp 制作的模型可以输出到 3ds Max 中进行材质的调整，再借助 V-Ray for 3ds Max 进行效果图的渲染。但在这一操作过程中对模型进行修改会增强渲染的复杂性。V-Ray for SketchUp 渲染器的推出，进一步提升了 SketchUp 直接输出高质量效果图的能力。通过对本项目的学习，读者可以掌握 V-Ray 的渲染参数设置，最终完成效果图的输出。

**学习目标**

- 了解 V-Ray for SketchUp 的基本原理。
- 使用 V-Ray for SketchUp 渲染效果图。

**技能目标**

- 掌握 V-Ray for SketchUp 的材质系统。
- 掌握 V-Ray for SketchUp 的灯光系统。
- 掌握 V-Ray for SketchUp 的渲染器设置。

**素养目标**

- 培养读者的动手实践能力和良好的审美修养。
- 培养读者的职业标准和规范意识，以及职业敬畏感。

## 8.1 V-Ray for SketchUp 渲染器

### 8.1.1 V-Ray for SketchUp 概述

SketchUp 在建模上的快捷和易操作毋庸置疑，但该软件的渲染功能较弱。在制作材质时，只能对材质的贴图、颜色和不透明度进行调整，并不能真实地反应现实世界的物体反射、折射等效果。对于光照的表现，SketchUp 只能用阴影来表现太阳光，并没有专门的灯光系统来模拟真实的光照。V-Ray for SketchUp 这款渲染器能和 SketchUp 完美结合，从而渲染输出高质量的效果图。V-Ray 渲染器参数较少，材质的调节简单快捷，灯光系统的设置简单且效果逼真。

　　V-Ray 作为一款功能强大的全局光渲染器，其应用在 SketchUp 中的时间并不长。Chaos Group 公司在 2007 年推出了它的第 1 个正式版本 V-Ray for SketchUp1.0。作为一个内置的正式渲染插件，在工程、建筑设计和动画等多个领域，V-Ray 都可以提供强大的全局光照明和光线追踪等功能，渲染出非常真实的图像。由于 V-Ray for SketchUp1.0 是第 1 个正式版本，还存在着各种不足，给用户带来了一些不便。因此，Chaos Group 和 ASGVIS 公司根据用户反馈意见不断完善 V-Ray，现在已经将其升级到 5.0 版本。本书使用的是 SketchUp 2015 与 V-Ray3.4。下面我们一起来欣赏 V-Ray for SketchUp 渲染的优秀作品，如图 8-1 所示。

图 8-1　优秀渲染作品

V-Ray for SketchUp 的优点如下。

### 1. 出色的全局光系统

全局光（Global Illumination，GI）是三维软件中的特有名词。光具有反射和折射的性质，在大自然中，光照射到地面经过了无数次的反射和折射，因此人们在白天看到地面的任何地方都很清晰。渲染器有了全局光系统，当光线被发射出来后，遇到障碍物就会反射和折射，经过反复的反射和折射，物体表面和角落都会有光感，更加接近真实的自然光照效果。

### 2. 超强的渲染引擎

V-Ray 渲染器有多种渲染引擎，每个渲染引擎都有各自的特性，它们的计算方法不一样，渲染效果也不一样。用户可以根据场景的大小、类型和出图要求，以及出图品质要求来选择合适的渲染引擎，从而提高作图效率。

### 3. 完善的材质系统

V-Ray 的材质系统功能强大且设置灵活。除了常见的漫反射、反射和折射，还有可自发光的灯光材质，另外它还支持透明贴图、双面材质、纹理贴图及凹凸贴图，每个主要材质层还可以叠加第二层、第三层，以得到真实的效果。控制光泽度还能实现如磨砂玻璃、磨砂金属及其他磨砂材质的效果。其默认的多个程序控制的纹理贴图可以用来实现特殊的材质效果。

**4．灵活的灯光系统**

一张好的效果图离不开光线的作用，V-Ray 的灯光系统有直接光源和间接光源，再搭配上全局光系统，可以完美地模拟出现实世界的真实光照效果。

**5．良好的兼容性**

V-Ray 以插件的方式存在于 SketchUp 中，实现了无缝对接，可以直接完成场景的渲染。V-Ray 还支持其他主要的三维软件，如 3ds Max、Maya、Rhino 等，其相似的界面和使用方法让用户更容易上手。

## 8.1.2　V-Ray for SketchUp3.4 的安装

V-Ray3.4 能很好地兼容 SketchUp 2015—2017，其速度和质量都比 V-Ray2.0 要出色。读者可以通过正规渠道购买或下载 V-Ray3.4 for SketchUp 渲染插件。下面讲解如何在 SketchUp 2015 中快速安装 V-Ray3.4，具体的安装步骤如下。

安装与卸载
方法

（1）将 V-Ray3.4 for SketchUp 渲染插件文件夹中的"V-Ray3.4" 🔵 vary3.4 安装文件复制到自己计算机中用于安装软件的文件夹内，特别注意文件夹名称一定不能包含中文字符，否则会导致汉化失败从而使得软件不能正常使用，如图 8-2 所示。

（2）双击 🔵 vary3.4 安装文件，打开"V-Ray3.4 安装向导"对话框后单击"下一步"按钮，如图 8-3 所示。

图 8-2　复制安装文件到计算机中

图 8-3　打开"V-Ray3.4 安装向导"对话框

（3）在弹出的"软件许可协议书"对话框中单击"我同意"按钮，如图 8-4 所示。

（4）在弹出的"选择开始菜单文件夹"对话框中直接单击"下一步"按钮，如图 8-5 所示。

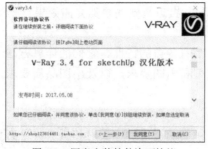

图 8-4　同意安装软件许可协议

图 8-5　"选择开始菜单文件夹"对话框

（5）在弹出的"选择安装程序"对话框中保持"vray"和"汉化"两个选项处于勾选状态后，单击"下一步"按钮，如图 8-6 所示。

（6）在弹出的"准备安装"对话框中单击"安装"按钮，如图 8-7 所示。

图 8-6　选择安装程序　　　　　　　　　　图 8-7　"准备安装"对话框

（7）安装开始后，在弹出的英文安装许可对话框中单击"I Agree"按钮，如图 8-8 所示。

（8）弹出安装参数设置对话框，确认"SketchUp 2015""V-Ray Swarm 1.3.5""License Server 4.3.1"几个选项已勾选，单击"install now"按钮，如图 8-9 所示。

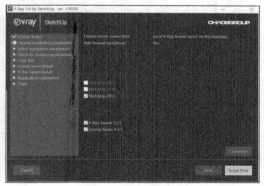

图 8-8　同意英文安装许可协议　　　　　　图 8-9　确认安装参数

（9）安装完成后，在弹出的协议许可对话框中单击"I Agree"按钮，如图 8-10 所示。

（10）在弹出的服务器许可对话框中单击"Install Now"按钮，如图 8-11 所示。

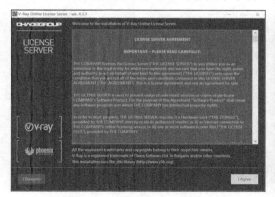

图 8-10　同意安装 License Server　　　　　图 8-11　确认安装 License Server

（11）完成 License Server 的安装后，单击"Finish"按钮，如图 8-12 所示。

（12）安装 V-Ray Swarm 1.3.5，在弹出的对话框中单击"I Agree"按钮，如图 8-13 所示。

（13）确认 Swarm 的安装路径，建议保持默认安装位置，单击"Install Now"按钮，如

图 8-14 所示。

（14）结束 Swarm 的安装，单击"Finish"按钮，如图 8-15 所示。

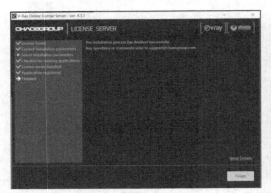

图 8-12　结束安装 License Server

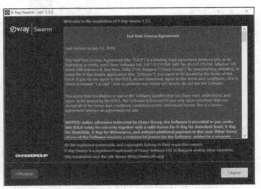

图 8-13　同意安装 Swarm

图 8-14　确认 Swarm 的安装路径

图 8-15　结束安装 Swarm

（15）打开安装程序，V-Ray3.4 已经安装完成，单击"Finish"按钮，如图 8-16 所示。

（16）安装"V-Ray3.4 for SketchUp 汉化补丁"，在弹出的对话框中选择"我同意此协议"选项，单击"下一步"按钮，如图 8-17 所示。

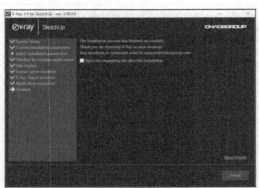

图 8-16　结束 V-Ray3.4 的安装

图 8-17　同意安装汉化补丁

（17）在弹出的汉化补丁准备安装界面中单击"安装"按钮，如图 8-18 所示。

（18）在弹出的汉化补丁安装向导完成界面中单击"完成"按钮，如图 8-19 所示。

（19）在弹出界面中单击"完成"按钮，结束 V-Ray3.4 的安装，如图 8-20 所示。

（20）双击桌面上的"SketchUp 2015"快捷方式，选择任意模板，启动软件即可看到 V-Ray3.4 插件已经能正常运行，如图 8-21 所示。

图 8-18　安装汉化补丁

图 8-19　完成汉化补丁的安装

图 8-20　完成 V-Ray3.4 的安装

图 8-21　V-Ray3.4 已经嵌入 SketchUp 2015

（21）关于 V-Ray3.4 的卸载方法可参考本书配套微课视频。

## 8.1.3　V-Ray3.4 功能区

如果 SketchUp 界面中的 V-Ray 工具栏没有正常显示，可以单击"视图" > "工具栏"，打开"工具栏"对话框，如图 8-22 所示，勾选三个 V-Ray 开头的复选框，即可正常使用。

V-Ray3.4 由 V-Ray 资源管理器工具条、V-Ray 灯光工具条、V-Ray 物体工具条 3 个部分组成，如图 8-23 所示。

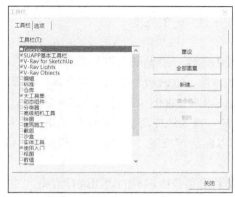

图 8-22　打开 V-Ray 工具集

图 8-23　V-Ray 工具集的 3 个部分

### 1．V-Ray 资源管理器工具条

（1）"资源管理器"按钮 ⊘：单击该按钮即可打开"资源管理器"对话框，可以对材质、灯光、V-Ray 物体、渲染参数及渲染方式进行设置。

（2）"渲染"按钮 ⟳：单击该按钮即可使用 V-Ray 渲染当前场景，其执行的是"产品级渲染"，是渲染效果图时最常使用的一个渲染工具。

（3）"互动式渲染"按钮 ：单击该按钮即可执行"互动式渲染"，这种渲染与"产品级渲染"的最大区别在于"互动式渲染"一直都不会结束，会实时渲染出场景当前的效果，如果修改了渲染场景，渲染框中就会根据场景的变化重新进行渲染。通常在观察灯光和材质的大致效果时使用这种渲染模式。

（4）"批量渲染"按钮 ▦：该按钮只有在创建了场景的情况下才会被激活，适用于当有多个场景动画时，批量渲染效果图。

（5）"帧渲染缓存"按钮 ▣：单击该按钮可打开"帧渲染缓存"对话框，查看上一次的渲染效果图，只有在渲染过效果图以后才起作用。

（6）"锁定相机视口"按钮 ▥：只有在使用"互动式渲染"后，该按钮才会被激活，当使用"互动式渲染"时，若不想渲染框中的效果图随场景的变化而实时渲染，就可以单击该按钮。解除锁定状态后，渲染框中的效果图又会与场景中的变化保持一致。

### 2．V-Ray 灯光工具条

（1）"平面光"按钮 ：单击该按钮可以在场景中绘制一个平面，创建一个 V-Ray 平面光。默认的平面光分正反面，正面为发光面，反面为不发光。单击"资源管理器"按钮 ⊘ 打开 V-Ray "资源管理器"对话框，单击"光源"按钮 ▦ 即可对平面光的参数进行调整。

（2）"球体光"按钮 ◎：单击该按钮可以在场景中创建一个 V-Ray 球体光。

（3）"聚光灯"按钮 ：单击该按钮可以在场景中创建一盏 V-Ray 聚光灯。

（4）"光域网（IES）灯光"按钮 ：单击该按钮后会打开广域网文件夹，可以在文件夹中选择广域网文件加载到场景中，此时场景中会创建一个广域网光源。

（5）"泛光灯"按钮 ☼：单击该按钮可以在场景中创建一盏 V-Ray 泛光灯。

（6）"穹顶灯"按钮 ◠：单击该按钮可以在场景中创建一盏 V-Ray 穹顶灯。在 V-Ray3.4 中，穹顶灯的光照方向可以手动调整。

（7）"网格灯"按钮 ⊕：只有把选中的物体成组后才能激活该按钮，选中成组的物体后再单击"网格灯"按钮，即可创建一盏网格灯。

（8）"手动调整灯光亮度"按钮 ☀：可以手动调整任意灯光的亮度。

### 3．V-Ray 物体工具条

（1）"无限平面"按钮 ：单击该按钮可以在场景中创建一个无限大的 V-Ray 平面。

（2）"导出代理物体"按钮 ：场景中有成组的物体后可以激活"导出代理物体"按钮。

（3）"导入代理物体"按钮 ：V-Ray 代理物体允许用户只在渲染时导入外部网络物体，并且这个外部网络物体不会出现在场景中，也不占用资源，极大地提高了 V-Ray 的渲染速度。

（4）"毛发"按钮 ：选中场景中的成组物体后可以激活该按钮，它主要用来模拟真实场景中的毛发效果，例如毛巾、地毯、草地等效果。

（5）"网格剖切"按钮 ：可以配合"剖切面"工具对场景中模型的切面进行渲染。

### 8.1.4　V-Ray3.4 新增功能及特点

V-Ray3.4 新增的功能及其特点如下。

（1）全新的 UI：引入全新界面设计，使人机交互更为友好，简化并加快了工作流程。

（2）材质库：提供超过 200 种预设材质，可直接拖曳使用，以加快材质设置。

（3）V-Ray 群：引入了一个功能强大、可扩展的分布式渲染系统，该系统简单快捷。

（4）去噪点：能自动消除噪点，并将渲染时间缩短 50%。

（5）VR：支持目前流行的 VR 功能（虚拟现实）。

（6）截面切割：使用 V-Ray Clipper 可轻松创建快速剖面并进行剖面渲染。

（7）草：可创造效果真实的草地、织物、地毯与 V-Ray 毛皮。

（8）双发动机性能：V-Ray 包括两个强大的渲染引擎。若使用 CPU 或 GPU 加速，可以为用户提供最好的引擎。

（9）交互式渲染：以交互的方式呈现设计效果，微调灯光和材质后可立即查看结果。

（10）全局照明：有强大和快速的全局照明功能，可渲染出真实的房间效果。

（11）准确的灯：使用其内置灯光类型可模拟自然照明和人工照明。

（12）环境照明：通过一张高动态范围图像（HDRI）即可照亮场景。

（13）物理太阳和天空：能模拟任何时间和任何位置的效果真实的日光与天空。

（14）现实世界的相机：有曝光控制、白平衡、景深等功能。

（15）物理材质：能创造效果真实的材质。

（16）高级纹理：使用自定义纹理贴图或 V-Ray 的内置纹理贴图可创建逼真和独特的材质。

（17）代理对象：使用内存高效的代理模型为所做项目带来更多的细节，如草、树、汽车等复杂对象。

（18）呈现元素：有用于渲染场景的独立通道，以便更好地在图像编辑软件中进行艺术创作。

（19）帧缓冲器：可以在 V-Ray 的帧缓冲区中查看历史渲染记录和微调色彩、曝光等参数。

（20）渲染节点：用户添加具有成本效益的渲染节点，可使 V-Ray Swarm 和网络渲染的速度大大提高。

（21）V-Ray 场景的导出：可与任何 3.4 或更高版本的 V-Ray 应用程序共享完整的、准备好的 V-Ray for SketchUp 文件。

## 8.2　V-Ray 材质系统

单击"资源管理器"按钮，在弹出的"资源管理器"对话框中，单击"材质"按钮，即可打开 V-Ray 资源管理器。通过该资源管理器，用户可以完成材质的添加、删除，以及材质相关属性参数的调整。

### 8.2.1　V-Ray 资源管理器的功能分区

资源管理器分为 3 个区域，如图 8-24 所示。左上区域为材质预览区；左下区域为材质列表区；在材质列表中选中任意一种材质后，对话框右侧会出现材质参数设置区，可以对材质的参数进行相应的调整。

**1．材质预览区**

在该区域可以根据参数的设置，自动生成该材质大概的效果，方便观看材质的设置是否合理。

**2．材质列表区**

在该区域可以看到材质列表并进行快速设置，同时还可以添加、导入、保存、删除和清除未使用的材质。

（1）创建材质。创建新的材质时，V-Ray 3.4 有多种材质类型可以选择，如图 8-25 所示。选择一种材质类型后，单击会出现自动命名的材质，双击可以对材质名称进行修改。在新创建的材质上单击鼠标右键，可以在打开的菜单中对材质进行相关操作，如图 8-26 所示。

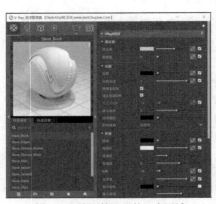

图 8-24　资源管理器的 3 个区域　　　　图 8-25　材质类型　　图 8-26　用鼠标右键单击新材质

（2）导入.vrmat 文件。将计算机中的已有材质导入场景中，如果出现重名，会自动在材质名后加上序号以便区分。

（3）将材质保存到文件。将当前选定的材质保存在计算机的指定路径中，方便在其他场景中使用。

（4）删除材质。删除不需要的材质。

（5）清除未使用材质。清理场景中没有使用到的材质，可以加快软件的运行速度。

**3．材质参数设置区**

初始材质只有漫反射、选项和贴图 3 个卷展栏，当在材质工作区中为材质添加反射、折射和自发光效果后，会出现相应的卷展栏。

## 8.2.2　V-Ray 材质创建流程

在了解了资源管理器的分区以后，本小节对创建材质的具体流程进行讲解。

**1．新建材质**

需要新建 V-Ray 材质时，单击材质列表区下方的"添加材质"按钮 ，在打开的列表中选择需要的材质类型。

### 2. 重命名材质

如果需要为新建的材质重命名，可在该材质的右键菜单中选择"重命名"选项，然后再输入新的材质名称，如图 8-27 所示。也可以直接双击原材质名进行重命名。

### 3. 复制材质

如果需要让新建的材质与现有的材质参数相似，可以通过对已有材质进行复制，再修改相应的参数来实现。选择已有的材质，在右键菜单中选择"复制"选项即可，如图 8-28 所示。复制材质可以有效提高制图效率。

### 4. 删除材质

如果需要删除已有的材质，可在材质的右键菜单中选择"删除"选项，如图 8-29 所示。如果该材质已赋予场景中的物体，那么该材质被删除后，场景中的对应材质也会同时被删除。也可以单击材质列表区下方的第四个"删除材质"按钮，来删除不需要的材质。

图 8-27　重命名材质　　　　图 8-28　复制材质　　　　图 8-29　删除材质

### 5. 导入材质

除了可以直接新建材质以外，还可以通过导入外部材质来将材质添加到场景中。这些材质可以是自己以前保存下来的材质，也可以是别人制作好的材质，V-Ray 也提供了一些常用材质供用户直接进行调用。单击材质列表区下方的第二个"导入.vrmat 文件"按钮，在弹出的对话框中选择保存好的材质即可导入使用。注意材质文件的扩展名为".vrmat"，如图 8-30 所示。

### 6. 另存材质

场景中的材质需要进行保存，方便以后在其他场景中使用该材质。选择需要保存的材质，在右键菜单中选择"另存为"选项，或者单击材质列表区下方第三个"将材质保存到文件"按钮，打开保存材质对话框，再指定材质储存的路径并修改材质名称，如图 8-31 所示。

图 8-30　导入材质　　　　　　　　　　　　图 8-31　另存材质

**7．清理未使用的材质**

随着场景中材质的增加和模型的修改，材质列表中会留下一些多余的材质占用系统资源，影响软件的使用。单击材质列表区下方第五个"清除未使用的材质"按钮 ，即可删除未被使用的材质。

**8．应用材质**

创建好材质后，在场景中选择需要指定材质的物体，然后在材质列表中的目标材质上单击鼠标右键，在弹出的菜单中选择"将材质应用到选择物体"选项，如图 8-32 所示。

**9．快速设置**

V-Ray3.4 还有"快速设置"功能，如图 8-33 所示，可以在这里对材质的常用参数进行快速的调整，材质参数区域中也会进行相应的调整。

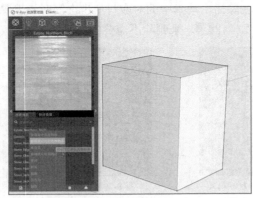

图 8-32　应用材质

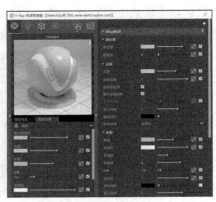

图 8-33　快速设置材质

**10．材质库**

单击"V-Ray 资源管理器"对话框左侧的下拉按钮，可以打开 V-Ray 的自带材质库，如图 8-34 所示。选择需要用到的材质进行预览，确定使用后在"Add to scene"上单击鼠标右键，即可添加材质到列表中，以便对其进行修改或使用，如图 8-35 所示。

图 8-34　打开 V-Ray 自带材质库

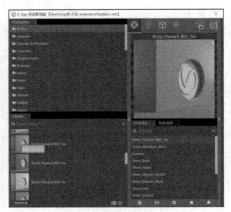

图 8-35　调用材质库素材

### 8.2.3　V-Ray 材质系统

V-Ray3.4 for SketchUp 材质系统中有 14 种材质，本小节对常用的几种材质进行介绍。

### 1．通用材质

通用材质是最常用的材质类型，可以模拟出大多数物体的属性，其他几种材质类型也是在通用材质的基础上进行修改而得到的。通用材质包括 VrayBRDF、选项和贴图等参数。其中在 VrayBRDF 卷展栏中还可以调整材质的漫反射、反射、折射、半透明、BRDF 双向反射分布、透明度等参数，如图 8-36 所示。

### 2．自发光材质

自发光材质本身具有发光属性，能够为场景提供一定的照明效果，它还包括颜色、强度、贴图等参数，如图 8-37 所示。

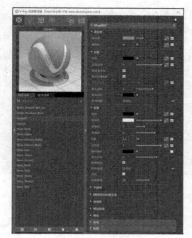

图 8-36　通用材质

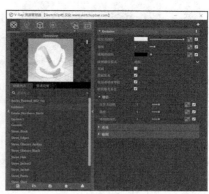

图 8-37　自发光材质

### 3．双面材质

双面材质由"前面"和"后退"两个子材质组成，通过半透明参数来控制两个子材质的显示比例。主要用于制作窗帘、纸张等半透明物体的材质，如图 8-38 所示。

### 4．凹凸材质

凹凸材质用于制作具有凹凸效果的物体，如皮纹、砖墙等，通常用在物体的表面以增加凹凸效果，从而增强物体的真实感。为贴图通道赋予一张黑白位图后，材质在渲染时会根据位图的灰度信息对物体表面进行处理，即黑色部分产生凹陷效果，白色部分产生凸起效果，如图 8-39 所示。

图 8-38　双面材质

图 8-39　凹凸材质

**5．包裹材质**

用户可利用"生成全局照明"滑块来调整基础材质的全局光效果，从而控制该材质对周围材质的影响。例如，场景中物体的颜色鲜艳、面积较大，对周围物体的固有色产生了影响，就可以为其创建包裹材质，如图 8-40 所示。

**6．角度混合材质**

角度混合材质是两种纹理的混合，主要用于模拟丝绸、金属等具有较强"菲涅耳"现象的材质，让材质表面随着观察角度不同而发生不同的反射变化，如图 8-41 所示。

 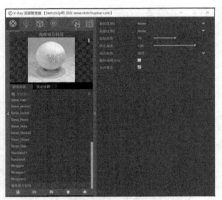

图 8-40　包裹材质　　　　　　　　图 8-41　角度混合材质

## 8.3　V-Ray 灯光系统

V-Ray 灯光工具栏中有 7 种光源和一个工具，分别为平面光、球体光、聚光灯、广域网、泛光灯、穹顶灯、网格灯，以及手动调整灯光亮度。本节通过室内的一个小环境对常用的几种光源进行详细介绍。

### 8.3.1　V-Ray 平面光

在 V-Ray 灯光工具栏中单击"平面光" 按钮后，在场景中绘制一个平面，即可创建一盏 V-Ray 平面光，如图 8-42 所示。需要注意的是平面光分为两面，正面为发光面，反面为不发光。单击"资源管理器"按钮，打开"V-Ray 资源管理器"对话框，单击"光源"按钮，选择 V-Ray Rectangle Light 即可对平面光的参数进行调整，如图 8-43 所示。创建好的平面光可以进行移动、旋转、缩放等操作。V-Ray 平面光是渲染中最常用到的灯光之一，但需要注意平面光的精度较高且阴影效果较好，所以渲染的速度也会相对较慢，不要在场景中过多地使用平面光。

### 8.3.2　V-Ray 球体光

在 V-Ray 灯光工具栏中单击"球体光"按钮后，找到场景中需要创建球体光的位置，单击并确定好灯光大小，再次单击，就可以创建出想要的球体光，如图 8-44 所示。球体光也可以进行移动、复制等操作。打开"V-Ray 资源管理器"对话框，单击"光源"按钮，选择 V-Ray Sphere Light 并打开相应的卷展栏，即可对球体灯光参数进行调整，如图 8-45 所示。

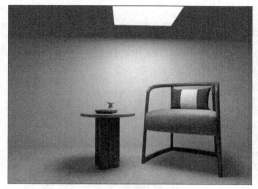

图 8-42　创建平面光

图 8-43　调整平面光的参数

图 8-44　创建球体光

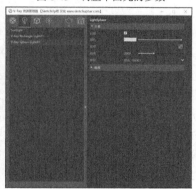

图 8-45　调整球体光的参数

### 8.3.3　V-Ray 聚光灯

在 V-Ray 灯光工具栏中单击"聚光灯"按钮后，在场景中需要创建聚光灯的位置单击即可完成创建。聚光灯也可以进行移动、旋转、复制等操作，如图 8-46 所示。打开"V-Ray 资源管理器"对话框，单击"光源"按钮，选择 V-Ray Spot Light 后，在打开的卷展栏中可以对聚光灯的参数进行调整，如图 8-47 所示。

图 8-46　创建聚光灯

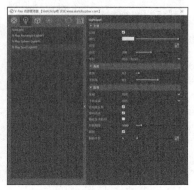

图 8-47　调整聚光灯的参数

### 8.3.4 V-Ray 光域网

在 V-Ray 灯光工具栏中单击"光域网（IES）灯光"按钮 ，就可以打开导入 IES 文件的对话框，找到文件的存储路径后，选择要导入的文件并单击"打开"按钮，如图 8-48 所示。再在场景中指定光域网文件的导入位置，完成导入，如图 8-49 所示。

图 8-48　导入 IES 文件

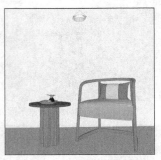
图 8-49　调整 IES 光源位置

光域网是一种关于光源亮度分布的三位表现形式，存储于 IES 文件中。这种文件可以在灯光制造厂商处获取或者从网络上下载。光域网是灯光的一种物理性质，用于确定光在空气中发散的方式，不同的灯光，在空气中的发散方式是不一样的，例如手电筒、壁灯、台灯，它们发出的光有着不同的形状。灯的自身特性不同，就会产生形状不同的光，而其呈现出来的那些不同形状的图案就是光域网造成的。之所以会有不同的图案，是因为每个灯在出厂时，厂家都对其指定了不同的光域网。光域网用得好，可以给效果图添加细节，光域网有模仿灯带、筒灯、射灯、壁灯、台灯等类型。最常用的是模仿筒灯、壁灯、台灯的光域网，模仿灯带的光域网不常用。每种光域网的形状都不太一样，需根据情况选择调用。

打开"V-Ray 资源管理器"对话框，单击"光源"按钮 ，选择 V-Ray IES Light 后，在打开的灯光编辑器中可以调整光域网灯光的参数，如图 8-50 所示。渲染后的效果如图 8-51 所示。

图 8-50　调整光域网灯光的参数

图 8-51　光域网灯光效果

### 8.3.5 V-Ray 泛光灯

在 V-Ray 灯光工具栏中单击"泛光灯"按钮 后，在场景中合适的位置单击即可创建一盏

V-Ray 泛光灯，如图 8-52 所示。泛光灯与球体灯较为相似，但泛光灯在渲染时不可见，还可以通过调整"阴影半径"参数来控制其阴影的虚边效果，如图 8-53 所示。

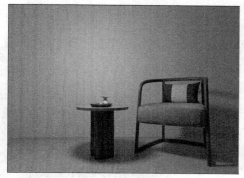
图 8-52　泛光灯效果

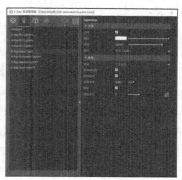
图 8-53　泛光灯参数调整

## 8.3.6　V-Ray 网格灯

如果场景中出现了造型不规则的灯具，且上述几种常规造型的光源都不能满足使用要求，那么可以使用"网格灯"工具，如图 8-54 所示。首先在指定的位置绘制好异型灯光的形状，其次选中绘制的线和面并将它们创建成群组，最后单击 V-Ray 灯光工具栏中的"网格灯"按钮，即可创建出所绘制形状的网格灯，如图 8-55 所示。网格灯的调整方法与其他灯类似，如图 8-56 所示。

图 8-54　网格灯效果

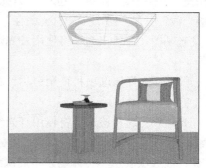
图 8-55　制作网格灯

图 8-56　网格灯参数调整

## 8.4　V-Ray 渲染器设置

单击"资源管理器"按钮⊘后，在弹出的"V-Ray 资
源管理器"对话框中单击"设置"按钮，打开"设置"
对话框，如图 8-57 所示，V-Ray 渲染器的大部分参数都可
以在这里进行设置。"设置"对话框中共有 6 个卷展栏，分
别是"渲染设置""相机设置""渲染输出""环境设置""材
质覆盖""集群渲染"，扩展卷展栏包括"光线跟踪""全局
照明""焦散""渲染元素""开关"。本节将对其中的重要
参数进行讲解。

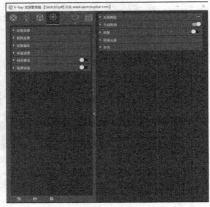

图 8-57　V-Ray 渲染设置

### 8.4.1　全局照明

"全局照明"卷展栏主要用于调整全局照明的相关参数，如图 8-58 所示，分为"主光线"
和"次级光线"，"主光线"是指用户为首次反弹选择一种 GI 渲染引擎；"次级光线"是指用户
为二次反弹选择一种 GI 渲染引擎。最常用的搭配是"发光贴图"加"灯光缓存"。

"主光线"中有"发光贴图""强算""灯光缓存"3 种渲染引擎。
"次级光线"中有"强算法""灯光缓存""无"3 种渲染引擎。

（1）发光贴图：选择该选项将使用发光贴图作为初级漫反射
的 GI 引擎。

（2）强算法：选择该选项将使用穷尽计算作为初级漫反射的
GI 引擎。

（3）灯光缓存：选择该选项将使用灯光缓存作为初级漫反射
的 GI 引擎。

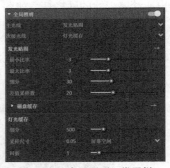

（4）无：该选项表示不计算场景中的次级漫反射，选择该选
项可以产生没有间接光色彩渗透的天光图像。

图 8-58　"全局照明"卷展栏

### 8.4.2　渲染设置

在渲染效果图前，可以在"渲染设置"卷展栏中对渲染参数
进行调整，如图 8-59 所示。在其中主要调整是否开启"互动式"
渲染模式和"质量"选项。

通常在测试渲染阶段开启"互动式"渲染模式，可以直接看
到材质、灯光、角度的实时变化并及时进行调整。相应地为了节
省时间，需要把"质量"选择为"草稿"或"低"选项。在出最

图 8-59　渲染设置

终渲染图时，可以关闭"互动式"渲染模式，再根据自己计算机的性能和出图要求把"质量"
调高。

### 8.4.3　相机设置

在使用相机拍摄场景时，可以通过调节"白平衡""景深"等参数来突出效果图的重点，对应的卷展栏如图 8-60 所示。相机焦点处的物体，渲染后会更加清晰，焦点以外的物体将会被模糊。

单击"标准相机"右侧的"Switch to Advanced Settings"按钮▇，即可切换到"高级设置"界面，如图 8-61 所示。调节"感光度""光圈值""快门速度"等参数可使渲染图的曝光和色彩效果更加接近真实相机的出图效果。

图 8-60　"相机设置"卷展栏

图 8-61　"高级设置"卷展栏

### 8.4.4　渲染输出

场景中的材质、灯光等全部调整完成后，需要对最终的渲染输出参数进行设置，对应的卷展栏如图 8-62 所示。

"安全框"可以帮助我们确认相机能够拍摄到的范围，让我们更好地布置相机。

"图像宽度""图像高度"和"长宽比"决定效果图的最终尺寸和比例。

"保存图片"用于设置一个文件路径，以保存每次渲染的渲染图。

如果要输出渲染的场景动画则要启动"动画"卷展栏。

图 8-62　"渲染输出"卷展栏

## 8.5　任务：新中式客厅效果图渲染

【任务描述】

对 V-Ray 渲染器的材质、灯光和渲染设置有了初步了解后，本任务将通过完成一个新中式客厅效果图渲染的案例，进一步介绍如何使用 V-Ray 渲染室内效果图，最终效果如图 8-63 所示。

新中式风格的主要特点是将中式元素与现代材质巧妙兼容，以现代人的审美需求来打造

图 8-63　最终效果

富有传统韵味的场景，让传统艺术在当今社会得到合适的体现。在本任务中，我们将以现代的装饰手法和家具，结合古典、中式的装饰元素，来呈现亦古亦今的空间效果。中式风格的古色古香与现代风格的简单素雅自然衔接，使客厅既具实用性，又富有传统文化的内涵。

**【任务实施】**

按照下面的子任务分步进行操作。

## 8.5.1　子任务 1：渲染前的准备和初步构图

### 1．渲染前的准备

（1）当制作完场景模型后，需要先检查模型是否有重合面、破损等。

（2）对材质进行梳理。新中式风格的常用材质主要有木材、石材、布艺等。

（3）灯光分析。本场景模拟的是白天的效果，主要光线来自室外，室内灯光不提供仅起到点缀作用。

### 2．初步构图

选择一个合适的角度，能最大限度地看到完整的客厅为宜。打开"V-Ray 资源管理器"＞"设置"对话框，该客厅空间是一个横向空间，设置效果图的长宽比为"16∶9"能更好地展示空间效果。启用"材质覆盖"，默认用灰色对场景进行覆盖，检查模型是否有破损或漏光，如图 8-64 所示。确定好角度和位置后为场景添加一个场景动画，进行一次测试渲染，如图 8-65 所示。

图 8-64　测试渲染参数

图 8-65　检查模型的完整度

## 8.5.2　子任务 2：设置材质

### 1．设置白色乳胶漆材质

乳胶漆材质是室内效果图中大面积、高频次使用的一种材质，该材质较为光滑，反射较弱，高光面积较大。添加一个材质，双击修改材质名称为"白色乳胶漆"，调整漫反射颜色为接近白色的一个颜色，值为"250"。然后将"反射"滑块拖动至三分之一处，将"反射光泽"设置为"0.4"，如图 8-66 所示。选择场景中的天花板，单击鼠标右键，选择"将材质应用到选择物体"选项，效果

设置材质-1 设置
白色乳胶漆材质

如图 8-67 所示。

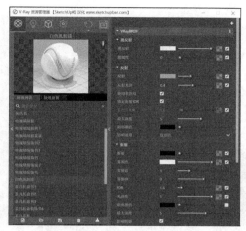

图 8-66　调整乳胶漆材质的参数

图 8-67　将材质赋予天花板

### 2. 设置地面材质

（1）本场景的地面主要由大理石材质和拼花组成。先来制作大理石地砖部分，添加一个材质，双击修改材质名称为"大理石地砖"，单击"漫反射"通道 ，在打开的对话框中选择"位图"，如图 8-68 所示。在打开的"选择文件"对话框中选择"大理石地砖"图片，单击"打开"按钮，如图 8-69 所示。导入位图后，如图 8-70 所示，单击"Back"按钮，返回资源管理器中继续调整材质。

设置材质-2
设置地面材质

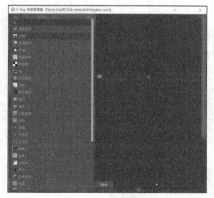

图 8-68　添加位图

图 8-69　选择"大理石地砖"图片

（2）大理石的反射较强，将"反射"滑块调至三分之二处，将"反射光泽"设置为"0.9"，如图 8-71 所示。把制作好的大理石材质应用到场景地面中，如图 8-72 所示。

（3）观察发现单块地砖的贴图太大，需要进行调整。单击"材质"工具图标 ，在"在模型中的样式"中找到"大理石地砖"贴图，如图 8-73 所示。单击"编辑"按钮，调整纹理贴图的大小为"20mm，20mm"，如图 8-74 所示。此时场景中地砖的大小较为合理，如图 8-75 所示。

（4）制作大理石拼花。拼花的制作方法与地砖一致，可参考微课视频，完成后的效果如图 8-76 所示。

### 3．制作地毯

地毯的反射效果不明显，主要用贴图进行表现。

（1）添加一个材质，双击修改材质名称为"地毯"，在"漫反射"通道里添加一张"地毯"位图，如图 8-77 所示。由于地毯几乎没有反射效果，其他的参数可以不调整。

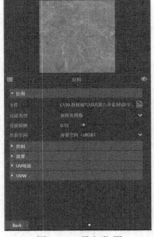

图 8-70　导入位图

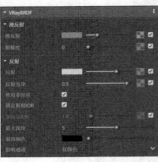

图 8-71　调整大理石材质的参数

图 8-72　赋予地面材质

图 8-73　找到贴图

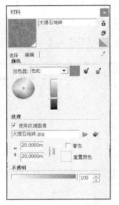

图 8-74　调整贴图大小

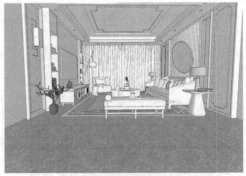

图 8-75　调整材质后的效果

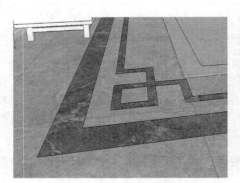

图 8-76　大理石拼花效果

图 8-77　添加"地毯"位图

设置材质 3-
设置地毯材质

（2）将材质赋予地毯后发现地毯的纹理不清晰，如图 8-78 所示。单击"材质"工具图标 ，在"在模型中的样式"中找到"地毯"贴图，单击"编辑"按钮，调整纹理贴图的大小为"25mm，25mm"，如图 8-79 所示。调整参数后，地毯效果如图 8-80 所示。

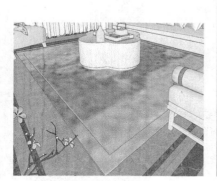

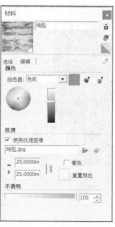

图 8-78　地毯纹理不清晰　　　　图 8-79　调整贴图参数　　　　　图 8-80　地毯效果

#### 4．制作窗帘

窗帘分为两个部分：一部分是半透明纱帘，另一部分是相对厚实的布帘。布帘和纱帘都没有折射效果，反射效果也不明显。

（1）制作半透明纱帘。添加一个材质，双击修改材质名称为"白色纱帘"，修改漫反射颜色为白色，其反射忽略不计故保持默认参数，"反射光泽"也不调整。在"折射"卷展栏中将颜色调整至"100"，折射率"IOR"调整为"1"，如图 8-81 所示。

设置材质 4-
设置窗帘材质

（2）把制作好的材质赋予模型，测试渲染观看效果，如图 8-82 所示。能明显地看到中间半透明纱帘材质与周围不透明的材质形成的对比。在没有制作灯光，仅使用场景中默认的天光时，透光效果也较好，纱帘材质制作完毕。

（3）两侧窗帘主要用灰色布纹贴图制作。添加一个材质，双击修改材质名称为"窗帘"，在"漫反射"通道里添加一张"窗帘"位图，如图 8-83 所示。由于窗帘几乎没有反射效果，其他的参数可以不调整。

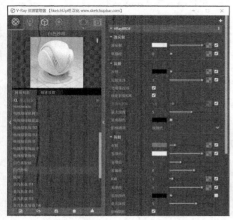

图 8-81　白色纱帘材质的参数　　　图 8-82　白色纱帘渲染效果　　　图 8-83　导入"窗帘"位图

（4）将材质赋予窗帘后发现窗帘的纹理不清晰，单击"材质"工具图标 ⚙️，在"在模型中的样式"中找到"窗帘"贴图，单击"编辑"按钮，调整纹理贴图的大小为"25mm，25mm"，如图 8-84 所示。调整参数后，窗帘材质的制作效果如图 8-85 所示。

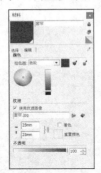

图 8-84　调整纹理贴图的大小

图 8-85　窗帘完成效果

### 5．制作电视墙

设置材质-5
设置电视墙材质

（1）电视墙大理石

添加一个材质，双击修改材质名称为"电视墙大理石"，在"漫反射"通道里添加一张"电视墙大理石"位图。墙面大理石的反射没有地面强，将"反射"滑块调至二分之一处，"反射光泽"设置为"0.9"，如图 8-86 所示。在材质编辑器中调整纹理贴图的大小为"25mm，25mm"。将材质赋予场景中的电视墙，效果如图 8-87 所示。

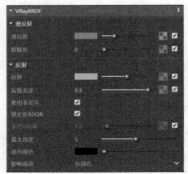

图 8-86　修改参数

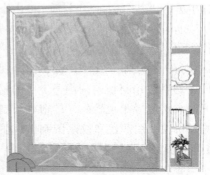

图 8-87　电视墙大理石完成效果

（2）石材边框

电视墙大理石的边框为黑色石材。添加一个材质，修改材质名称为"电视墙大理石边框"，调整漫反射颜色为"12,12,12"，将"反射"滑块拖动到三分之一处，"反射光泽"设置为"0.8"，如图 8-88 所示。设定好材质后赋予场景中的电视墙边框。

（3）电视机边框

打开 V-Ray 材质库，找到"金属"文件夹，选择合适的材质 📷，在"Add to Scene"上单击鼠标右键。在材质列表中，双击修改该材质名称为"电视机边框"，并赋予电视机，如图 8-89 所示。

（4）电视墙装饰柜

添加一个材质，修改材质名称为"电视墙装饰柜"，调整漫反射颜色为"90,73,44"，"反射"卷展栏中的参数如图 8-90 所示。将制作好的材质赋予场景中的物体。

（5）电视墙壁灯装饰

将上一步制作的"电视墙装饰柜"材质选中，复制材质。双击修改材质名为"壁灯装饰墙"，调整漫反射颜色为"87,69,55"，如图 8-91 所示。其他参数保持不变，将材质赋予物体。

添加一个材质，修改材质名称为"壁灯灯罩"，在"漫反射"通道中添加"壁灯灯罩"位图，保持其他参数不变，如图 8-92 所示。

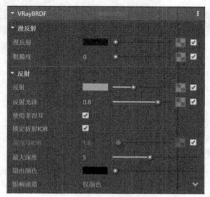

图 8-88　调整参数

图 8-89　制作电视机边框

图 8-90　电视墙装饰柜材质的参数

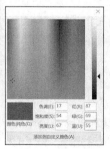

图 8-91　电视墙壁灯
装饰颜色调整

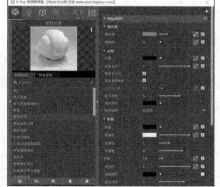

图 8-92　壁灯灯罩材质的参数

添加一个材质，修改材质名称为"壁灯灰色石材"，修改漫反射颜色为"79,79,79"，如图 8-93 所示。"反射光泽"设置如图 8-94 所示。

添加一个材质，修改材质名称为"壁灯石材"，在"漫反射"通道中添加"壁灯石材"位图，修改"反射光泽"为"0.8"，如图 8-95 所示，再将该材质指定给壁灯后面相应的物体，如图 8-96 所示。

整个电视背景墙的制作初步完成，如图 8-97 所示。

## 6. 制作沙发背景墙

（1）背景墙装饰画

添加一个材质，修改材质名称为"沙发背景墙装饰画"，在"漫反射"通道中添加一张"沙发背景墙装饰画"位图，装饰画有微弱的反射效果，调整"反射光泽"为"0.4"。将该材质赋予场景中的沙发背景墙并修改纹理贴图大小为"25mm，25mm"，如图 8-98 所示。

设置材质 6-设置
沙发背景墙材质

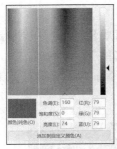

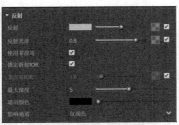

图 8-93 壁灯灰色石材颜色设置　　图 8-94 "反射光泽"设置　　图 8-95 壁灯石材的反射设置

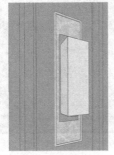

图 8-96 壁灯完成效果　　　　　图 8-97 电视墙完成效果

（2）背景墙装饰木框

背景墙的颜色应该与电视墙保持统一，以形成协调的色调。背景墙的木框装饰线条可以沿用电视墙的壁灯装饰材质，直接将该材质赋予沙发背景墙的线框即可，完成后的效果如图 8-99 所示。

（3）背景墙墙纸

添加一个材质，修改材质名称为"沙发背景墙墙纸"，在"漫反射"通道中添加一张"沙发背景墙墙纸"

图 8-98 沙发背景墙装饰画

位图，墙纸有轻微的反射效果，修改"反射光泽"为"0.25"，如图 8-100 所示，将该材质赋予物体。

背景墙上有深色的装饰线槽，可以直接赋予其沙发背景墙上的边框材质。完成后的沙发背景墙效果如图 8-101 所示。

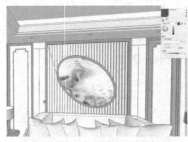

图 8-99 沙发背景墙装饰线框效果　图 8-100 沙发背景墙墙纸材质的参数　图 8-101 沙发背景墙效果图

### 7. 制作家具

（1）制作沙发布纹

添加一个材质，修改材质名称为"沙发布纹"，在"漫反射"通道中添加一张"沙发布纹"

位图，沙发有微弱反射效果，将"反射光泽"设置为"0.15"，如图 8-102 所示。将材质赋予三人位沙发和贵妃榻，修改纹理贴图大小为"25mm，25mm"。在赋予材质到单人位沙发时发现，由于模型不同，用相同的纹理贴图会产生不同的效果，修改贴图纹理大小为"10000mm，10000mm"才能有较好的纹理效果，如图 8-103 所示。因此，需要重新制作三人位沙发的布纹材质。复制"沙发布纹"材质并重命名为"三人沙发布纹"，其他参数保持不变，只修改纹理贴图大小为"25mm，25mm"，将该材质赋予贵妃榻和三人位沙发，完成后的效果如图 8-104 所示。

设置材质-7 设置部分家具材质

继续制作"沙发装饰布纹"材质，同样在"漫反射"通道中添加一张"沙发装饰布纹"位图，拼花的面积很小，其漫反射效果忽略不计，将该材质赋予模型，完成后的效果如图 8-105 所示。

图 8-102　沙发布纹材质的参数

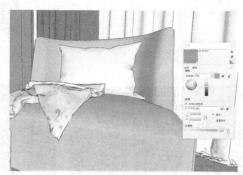

图 8-103　单人位沙发的"纹理"参数

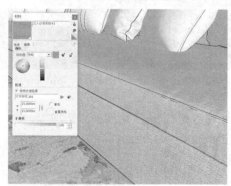

图 8-104　"纹理"参数

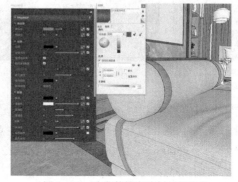

图 8-105　沙发装饰布纹材质的参数

制作沙发扶手。添加一个材质，修改材质名称为"沙发扶手"，调整漫反射颜色为灰色，即"66,66,66"，将"反射光泽"设置为"0.4"，将材质赋予沙发扶手、沙发腿，如图 8-106 所示。

（2）制作沙发抱枕

三人位沙发上有多个抱枕，抱枕的制作方法与沙发布纹类似，主要区别在于材质贴图，制作流程可参考微课视频。这里重点讲解一下光滑面料和绒布毯面料的制作。光滑面料最大的特点在于有光泽，反射较普通面料强，以三人位沙发上中间抱枕的参数为例，如图 8-107 所示。

绒布毯面料和普通的布料不一样，它的光泽感在褶皱凸起的地方较强，可以通过添加"衰减"贴图来体现。添加一个材质，修改材质名称为"绒布毯"，在"漫反射"通道里添加一张"衰减"位图，如图 8-108 所示。在"颜色 1"通道中选择一张绒布毯面料的纹理贴图"墨绿色格纹抱枕.jpg"，如图 8-109 所示。将"颜色 2"滑块调整到三分之二的位置，"颜色 2"主要用于控制褶皱凸起处的反光颜色。将"衰减类型"设置为"菲涅耳"，如图 8-110 所示。为模型赋予材质时会发现没有显示导入的贴图，如图 8-111 所示。

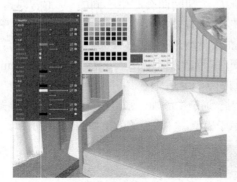
图 8-106　沙发扶手

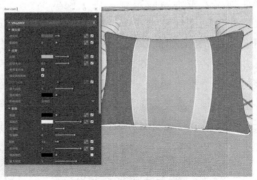
图 8-107　光滑面料参数

图 8-108　添加"衰减"贴图

图 8-109　添加位图

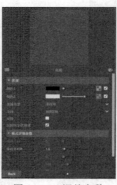
图 8-110　调整参数

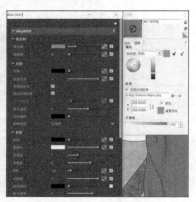
图 8-111　贴图没有显示

单击"浏览"按钮，找到刚才导入的"墨绿色格纹抱枕.jpg"贴图并重新加载一次，预览框中出现了该贴图，场景中也有了该贴图，注意修改纹理贴图大小为"2500mm，2500mm"，如图 8-112 所示。

（3）制作茶几

玻璃材质的制作。玻璃具有透明、反射强和折射强的特点。创建一个材质，命名为"透明玻璃"，将漫反射颜色设置为"200,200,200,"在该通道中添加一张"衰减"贴图，将"颜色 1"设置为黑色，"颜色 2"设置为白色，"衰减类型"设置为"菲涅耳"，如图 8-113 所示。设置好后再返回设置"反射光泽"为"0.9"，特别注意玻璃具有折射现象，其他材质一般没有，所以修改折射颜色为一个

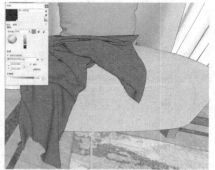
图 8-112　绒布的"纹理"参数

接近白色的颜色，如图 8-114 所示。将设置好的材质赋予场景中的玻璃花瓶和电视柜的玻璃门。

陶瓷材质的制作。陶瓷材质也是 V-Ray 中非常常见的一种材质，它具有较强的反射和较高的反射光泽度。添加一个材质，修改材质名称为"白陶瓷"，设置漫反射颜色为"240,240,240"，其反射较强，故设置"反射光泽"为"0.85"，如图 8-115 所示。将制作好的材质赋予场景中的物体。

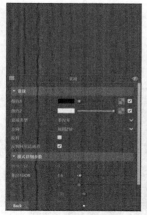
图 8-113　"衰减"贴图的设置

图 8-114　玻璃材质的参数

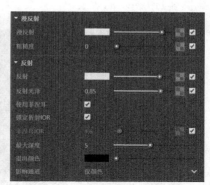
图 8-115　白陶瓷材质的参数

　　根据前面设置材质的方法对其他材质进行设置。材质的初步设置至此告一段落，后面在场景中布置好灯光后，再根据测试情况进行调整。

## 8.5.3　子任务 3：布置灯光

### 1. 布置主光源

（1）设置太阳光

　　本场景表现的是白天的效果，所以主光源为太阳光。单击菜单栏上的"阴影设置"按钮，打开"阴影设置"对话框，设置为 8 月 8 日的上午 10 点，如图 8-116 所示。再在"场景 1"上单击鼠标右键，更新场景的阴影设置。

灯光布置 1-布置主光源

　　打开"V-Ray 资源管理器-灯光"面板，对 V-Ray 太阳光的参数进行调整。启用太阳光，将"尺寸"调整为"3"，使得阴影轮廓有一定的模糊效果，如图 8-117 所示，其他参数保持默认即可。

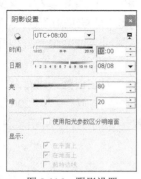
图 8-116　阴影设置

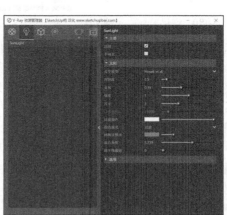
图 8-117　太阳光的参数设置

（2）测试主光源

　　设置测试出图的参数，设置图片"质量"为"低"，打开"安全框"，锁定长宽比为"16：9"，再设置宽度为"600"。打开"全局照明"卷展栏，开启"全局照明"，选择主光线为"发光贴图"，次光线为"灯光缓存"，其他参数保持默认，如图 8-118 所示。单击"渲染"按钮开始渲染，得到图 8-119 所示的效果。

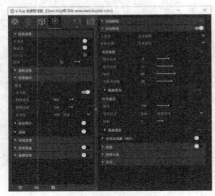

图 8-118　测试渲染参数设置

图 8-119　测试渲染结果

（3）补充光源

在模型的窗外参考窗户的大小创建一盏平面光，修改灯光的名称为"天光"，移动光源到合适的位置，如图 8-120 所示。平面光具有两面性，需要沿蓝色轴线将平面光进行翻转，如图 8-121 所示。

图 8-120　创建平面光

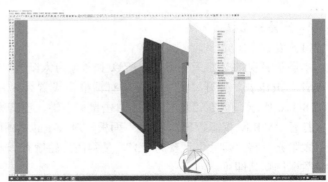

图 8-121　调整平面光的方向

接下来调整"天光"的参数，调整光线颜色为"199,239,248"（见图 8-122），反复测试天光的强度，最终将其设置为"800"。勾选"不可见"选项并取消勾选"影响反射"选项，如图 8-123 所示。观察测试渲染图发现窗外的光线不能再继续调亮，不然画面会过度曝光。但靠近镜头的地方还是不够亮，需要提高室内的亮度。

继续创建一盏平面光，修改其名称为"天光 2"，将其移动至天花板处，进行从上至下的补光，如图 8-124 所示。将"天光"的颜色复制到"天光 2"上，修改"强度"为"200"，勾选"不可见"选项并取消勾选"影响反射"选项。完成主光源的设置，如图 8-125 所示。单击"渲染"按钮进行测试，如图 8-126 所示。

**2．布置辅助光**

除了室外天光以外，本场景还需要一些室内灯光来烘托气氛。

（1）落地灯

在落地灯的内部创建一盏球体灯，修改其名称为"落地灯"，设置灯光颜色为"239,174,54"，"强度"为"800"，如图 8-127 所示。测试时发现灯罩会遮住

灯光布置 2-
布置辅助光源

光线，需要修改"壁灯灯罩"材质的折射率等，具体参数如图 8-128 所示。

  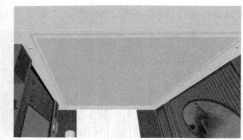

图 8-122　"天光"颜色参数调整　　图 8-123　"天光"参数　　　　图 8-124　创建"天光 2"

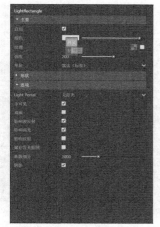 

图 8-125　完成主光源的设置　　　　　　　　图 8-126　测试天光效果

 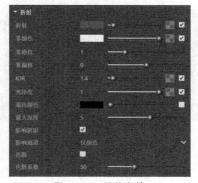

图 8-127　创建落地灯　　　　　　　图 8-128　具体参数

（2）台灯

在沙发边桌上的台灯内部创建一盏球体灯并修改其名称为"台灯"，将落地灯的灯光颜色复制给台灯，调整"强度"为"300"，如图 8-129 所示。参考移动实体模型的方法，把台灯内的球体灯移动复制到另一侧的台灯内，保持两个台灯的亮度一致。

（3）射灯

创建一盏 IES 灯，导入 IES 文件到场景中，如图 8-130 所示。调整灯光的颜色为"248,217,158"，"强度"为"100000"，如图 8-131 所示。测试效果如图 8-132 所示，确认亮度合适后，将其复制到场景中的另外几个射灯位置，如图 8-133 所示。

所有光源设置完毕后，切换到"场景 1"的视角进行一次测试渲染，确认材质、灯光都不需要修改后，准备进行正式渲染，测试渲染效果如图 8-134 所示。

图 8-129　创建台灯

图 8-130　导入 IES 文件

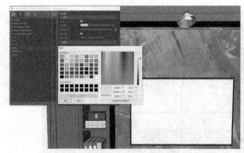

图 8-131　调整 IES 灯的参数

图 8-132　测试渲染 IES 灯

图 8-133　创建出所有 IES 灯

图 8-134　测试渲染效果

## 8.5.4　子任务 4：设置出图参数并渲染

正式渲染效果图的尺寸、质量、噪点等都决定了最终图像的好坏。修改"图像宽度"为"2000"，由于锁定了"长宽比"，"图形高度"会自动变为"1125"，这里的单位为像素。渲染"质量"为"高"，如图 8-135 所示。

最终渲染的时间根据计算机配置的不同会有较大的差别，如果计算机性能一般，可以将渲

设置出图参数
并渲染

染质量适当降低。渲染完成后，最终效果如图 8-136 所示。

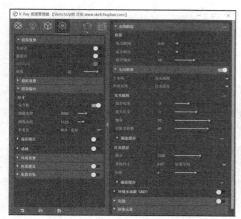

图 8-135　渲染设置

图 8-136　最终渲染效果

【任务评价】

本任务完成情况由教师进行评价，评价标准如下表所示。

| 类别 | 评价标准 | 分数 | 获得分数 |
|---|---|---|---|
| 技术运用（50%） | 能够运用 V-Ray 渲染出室内效果图 | 20 | |
| | 能够按照任务要求完成材质、灯光参数的设置 | 30 | |
| 制作效果（45%） | 制作的效果图清晰、角度合理 | 15 | |
| | 材质表达清晰、灯光布置合理 | 15 | |
| | 细节内容表达清楚 | 15 | |
| 提交文档（5%） | 提交的图片视角合理且清晰 | 5 | |

## 8.6　项目小结及课后作业

### 项目小结

本项目通过一个新中式客厅的室内效果图渲染案例来讲解 V-Ray3.4 for SketchUp 的基本用法。读者通过学习可以掌握 V-Ray 中常用材质的参数设置、常用灯光的用法和不同形式的效果图的参数设置。

尽管材质的种类较多，但只要了解了材质的物理特性，再配合灯光的效果，就能很好地将其表现出来。希望读者能通过细致的观察与深入的分析，制作出更好的渲染作品。

### 课后作业

#### 1．单选题

（1）V-Ray 工具栏中共有（　　　）个工具集。

A．1　　　　　　　　　B．2　　　　　　　　　C．3　　　　　　　　　D．4

（2）（　　）材质具有折射效果。

A．金属　　　　　　　　B．玻璃　　　　　　　　C．陶瓷　　　　　　　D．布料

（3）下列 V-Ray 灯光中，可以调用 IES 文件的是（　　　）。

A．V-Ray 平面光　　　B．V-Ray IES 光　　　C．V-Ray 球体光　　D．V-Ray 泛光

（4）下列材质中，（　　）的反射效果最弱。

A．金属　　　　　　　　B．玻璃　　　　　　　　C．陶瓷　　　　　　　D．布料

（5）场景中赋予材质的纹理贴图不清晰时可以修改其（　　　）参数。

A．"纹理"　　　　　　B．"材质"　　　　　　C．"反射光泽"　　　D．"漫反射"

**2. 多选题**

（1）制作一个材质时主要调整（　　　）参数。

A．"漫反射"　　　　　B．"反射"　　　　　　C．"反射光泽"　　　D．"贴图"

（2）下列参数与制作灯光有关的是（　　　）。

A．"颜色"　　　　　　B．"强度"　　　　　　C．"不可见"　　　　D．"影响反射"

（3）最终出图时要调整的参数包括（　　　）。

A．"质量"　　　　　　B．"尺寸"　　　　　　C．"长宽比"　　　　D．"全局照明"

**3. 操作题**

运用本项目所学的渲染方法完成新中式卧室的渲染效果图，如图 8-137 所示。

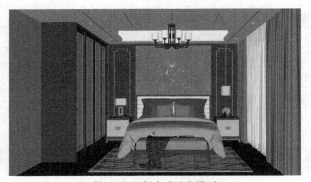

图 8-137　新中式卧室模型

项目 **9**

# 照片匹配建模

**项目导航**

　　本项目对如何使用 SketchUp 进行照片匹配建模进行详细讲解，本项目包括两个任务，第一个任务为立方体照片匹配建模，简单介绍使用照片匹配建模的方法；第二个任务为建筑物照片匹配建模，介绍根据一张建筑物照片来制作一个完整的建筑物模型的方法。

**知识目标**

● 了解照片匹配建模的方法。

**技能目标**

● 掌握照片匹配建模的操作方法。
● 熟练掌握使用照片进行建筑物模型制作的方法。

**素养目标**

● 培养读者的动手实践能力。
● 让读者了解建筑物照片匹配建模方法，通过整体场景的搭建，对照建筑物照片将模型的细节不断完善，培养读者精益求精的工匠精神。

## 9.1　照片匹配建模方法概述

　　SketchUp 的照片匹配建模，就是当我们想用真实的照片创建模型时，使用照片匹配功能帮助我们创建出更真实的模型。本节通过整体场景的搭建，对照建筑物照片将模型的细节不断完善，培养读者精益求精的工匠精神。下面通过两个任务来介绍照片匹配建模的具体方法。

## 9.2 任务 1：立方体照片匹配建模

**【任务描述】**

本任务需要使用"素材 9-1 立方体图片"文件，按照任务实施中的步骤讲解照片匹配建模的方法。

**【任务实施】**

在 SketchUp 中进行照片匹配建模时，导入图片的方法有以下两种。

方法一：单击"相机">"新建照片匹配"，弹出"选择背景图像文件"对话框，选择要使用的图片，单击"打开"按钮即可。

方法二：单击"文件">"导入"，弹出"打开"对话框，在"文件类型"中选择"所有支持的图像类型"选项，选择图片后勾选"用作新的匹配照片"选项，单击"打开"按钮即可。

接下来用导入的图片进行照片匹配建模，具体方法如下。

（1）导入图片后显示的是照片匹配界面，如图 9-1 所示。选择照片匹配界面中坐标轴的原点（黄色镂空点），可以定位坐标原点的位置，单击坐标原点，移动坐标原点至建模主体在图片中最近的位置点，如图 9-2 所示。

图 9-1　导入图片后显示的照片匹配界面　　　　图 9-2　　定位坐标原点

（2）视图中还有两条红色和绿色的轴向定位线，绿色定位线用于定位 $y$ 轴，红色定位线用于定位 $x$ 轴。我们先移动前面的红色轴向定位线，再移动前面的绿色轴向定位线，让它们在原点相交，如图 9-3 所示。

（3）将后面的红色轴向定位线与绿色轴向定位线用相同的方法进行定位，如图 9-4 所示。

（4）完成后单击"照片匹配"面板中的"完成"按钮。

（5）使用 SketchUp 中的工具建立模型。启用"直线"工具，捕捉原点创建直线段，在绘制时，捕捉对应方向的坐标轴，可以得到水平或竖直的线段，最后绘制出一个平面，如图 9-5 所示。

（6）启用"推/拉"工具对平面进行推拉，推拉至与照片中的立方体大小一致即可。操作过程中可以使用"旋转"工具旋转视角，如果要还原到照片匹配视角，单击左上角的选项卡即可，效果如图 9-6 所示。

（7）用相同的方法建立所有的立方体，如图 9-7 所示。然后选中所有模型，单击"照片匹配"面板中的"从照片投影纹理"按钮，将自动投影匹配照片中的材质赋予模型，但只是在照片匹配视角下，若在移动视角下材质就不完整了，最终效果如图 9-8 所示。

图 9-3　移动前面的轴向定位线

图 9-4　移动后面的轴向定位线

图 9-5　绘制平面

图 9-6　推拉平面

图 9-7　建立所有立方体

图 9-8　最终效果

【任务评价】

本任务完成情况由教师进行点评，评价标准如下表所示。

| 类别 | 评价标准 | 分数 | 获得分数 |
| --- | --- | --- | --- |
| 技术运用（40%） | 能够按照任务实施中的步骤完成照片匹配建模 | 30 | |
| | 能够灵活运用"照片匹配"面板中的功能 | 10 | |
| 制作效果（55%） | 整体制作效果好 | 20 | |
| | 所建模型能够精准匹配照片 | 20 | |
| | 细节表达清楚 | 15 | |
| 提交文档（5%） | 提交的图片为图 9-8 所示的视角，且图片清晰 | 5 | |

## 9.3　任务 2：建筑物照片匹配建模

【任务描述】

使用"素材 9-2 建筑物照片"作为匹配照片，进行照片匹配建模，使用"素材 9-3 建筑物照片"作为另一个参考视角。制作完成后的效果如图 9-9 所示。本任务需要不断对照照片效果进行模型的制作，可进一步培养读者动手实践的能力。

【任务实施】

接下来按照下面的子任务完成建筑物照片匹配建模任务。

图 9-9　建筑物照片匹配建模效果图

## 9.3.1　子任务 1：二楼整体框架制作

本子任务制作二楼整体框架，下面对其操作过程进行详细介绍。

（1）打开 SketchUp，选择"建筑-毫米"模板。单击"文件"＞"导入"，弹出"打开"对话框。在"文件类型"中选择"所有支持的图像类型"选项，然后选择"素材 9-2 建筑物照片"，勾选"用作新的匹配照片"选项，单击"打开"按钮。

（2）图片导入完成后，单击坐标原点，移动坐标原点至建模主体在图片中最近的位置点，如图 9-10 所示。

二楼整体框架制作

（3）调整匹配尺寸。将鼠标指针放置在蓝色轴线上，出现"放大后缩小"提示时滚动鼠标中键调整大小，人物的大小参照旁边的汽车进行调整，如图 9-11 所示。

图 9-10　定位坐标原点

图 9-11　调整匹配尺寸

（4）调整好比例后，调整轴向定位线，使前两条轴向定位线在原点处相交，如图 9-12 所示。

（5）将后两条轴向定位线放置在上方，如图 9-13 所示。

（6）设置好后，观察竖直及水平的坐标网格线是否与图中建筑的透视关系相差不大，如果还有较大差异，继续调整，直到合适为止。图 9-14 所示为调整好后的效果。

（7）单击"照片匹配"面板中的"完成"按钮。

（8）开始建模。启用"直线"工具，绘制二楼的平面。启用"推/拉"工具，推拉平面，效果如图 9-15 所示。

（9）启用"直线"工具，按照照片内容补线。启用"推/拉"工具，将其向里推，制作出二楼的阳台空间，效果如图 9-16 所示。

图9-12　调整轴向定位线（1）

图9-13　调整轴向定位线（2）

图9-14　调整后的效果

图9-15　制作二楼框架

（10）启用"直线"工具，捕捉边线并单击端点，同时旋转视角，绘制一个竖直的面，如图9-17所示。

图9-16　制作二楼阳台空间

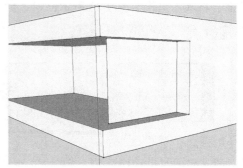

图9-17　绘制竖直的面

（11）返回照片匹配视角，启用"推/拉"工具，捕捉竖直的面并向里推至图9-18所示的边线位置。

（12）制作中间的凹陷部分。启用"直线"工具，对照照片绘制两条竖直直线段，启用"推/拉"工具，将其向里推至图9-19所示位置。

（13）删除下方的人物，以防影响到"从照片投影纹理"的效果。

（14）制作二楼阳台空间。启用"直线"工具，捕捉内边线，同时旋转视角，绘制一个竖直的墙面，如图9-20所示。

（15）绘制玻璃围栏，效果如图9-21所示。

（16）绘制阳台推拉门框架，效果如图9-22所示。

图 9-18　制作墙体　　　　　　　　　　　图 9-19　　制作凹陷部分

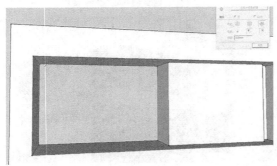

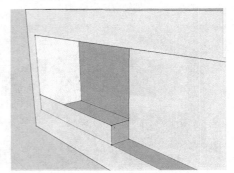

图 9-20　绘制竖直墙面　　　　　　　　　　图 9-21　　制作玻璃围栏

（17）制作右侧墙面上的窗户造型。启用"直线"工具，绘制一个平面，启用"推/拉"工具，将平面推拉成体。启用"偏移"工具，将其偏移一定的距离，再启用"推/拉"工具捕捉中间的面，将其向里推至图 9-23 所示位置。至此，建筑的二楼整体造型即制作完成。

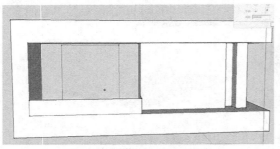

图 9-22　绘制阳台推拉门框架　　　　　　　图 9-23　　二楼整体框架

## 9.3.2　子任务 2：一楼整体框架制作

本子任务制作一楼整体框架，下面对其操作过程进行详细介绍。

（1）接着上一小节的模型继续制作。启用"直线"工具，捕捉二楼底面，单击图中柱子的端点位置，然后旋转视角，绘制一条与蓝色轴线平行的直线段，如图 9-24 和图 9-25 所示。

（2）切换回照片匹配视角，补充线段至图片所示位置之后绘制平面，然后启用"推/拉"工具，将平面推拉至木纹边界位置，如图 9-26 所示。

（3）按住 Ctrl 键，旋转视角，推拉平面至墙面边线位置，完成后的效果如图 9-27 所示。

一楼整体框架
制作

图 9-24  捕捉端点

图 9-25  绘制直线段

图 9-26  推拉墙体

图 9-27  再次推拉墙体

（4）启用"选择"工具，选中一楼的墙体部分并将它们创建成群组。移动复制墙体部分至左侧对应的墙体位置，然后进行调整，直到墙体位置合适，如图 9-28 所示。

（5）启用"直线"工具，捕捉边线，同时旋转视角，绘制一楼墙面，如图 9-29 所示。

（6）启用"矩形"工具，绘制窗户；之后捕捉窗户端点，绘制大门，效果如图 9-30 所示。

（7）绘制右侧的白色墙。启用"直线"工具，绘制平面，然启启用"推/拉"工具将其推拉成体。至此，一楼整体造型制作完成，效果如图 9-31 所示。

图 9-28  移动复制墙体

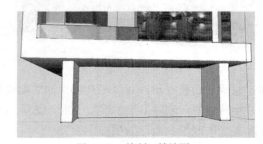

图 9-29  绘制一楼墙面

图 9-30  绘制窗户及大门

图 9-31  一楼整体造型

### 9.3.3　子任务 3：副楼制作

本子任务制作副楼部分，下面对其操作过程进行详细介绍。

（1）接着上一小节的模型继续制作，接下来制作左侧建筑物。启用"直线"工具捕捉墙体端点，同时旋转视角，绘制与主体建筑物垂直的面，如图 9-32 所示。

副楼制作

（2）使用"推/拉"工具将绘制的面推拉成体，如图 9-33 所示。

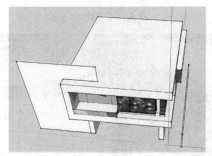　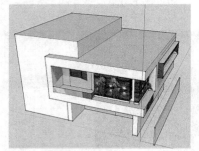

图 9-32　绘制墙面　　　　　　　　　　　图 9-33　　推拉成体（1）

（3）切换回照片匹配视角，打开"素材 9-3 建筑物照片"，可以看到左侧建筑物中间的门是向里凹陷的，如图 9-34 所示，接下来制作凹陷效果。启用"直线"工具，绘制图 9-35 所示的线段。

　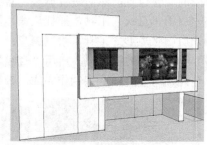

图 9-34　打开素材照片　　　　　　　　　　图 9-35　　绘制线段

（4）完成后切换视角，对照照片将里面的面进行推拉，如图 9-36 所示。

（5）旋转视角，删除多余的线段及面，如图 9-37 所示。再启用"直线"工具，进行补线操作，删除多余的线段及面，效果如图 9-38 所示。

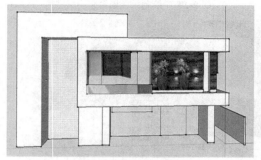　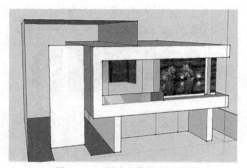

图 9-36　推拉操作　　　　　　　　　　　图 9-37　　删除多余的面及线段

（6）切换回照片匹配视角，制作副楼门口顶部的墙体部分，启用"直线"工具，捕捉端点绘制平面，如图 9-39 所示。

（7）旋转视角，启用"推/拉"工具，进行推拉操作，如图 9-40 所示。

（8）剩下的部分参考素材照片自行完成。

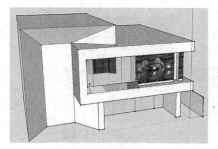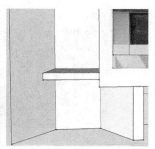

图 9-38　补线操作　　　　　　　图 9-39　绘制平面　　　　　　　图 9-40　推拉成体（2）

## 9.3.4　子任务 4：细节制作

本子任务制作细节部分，下面对其操作过程进行详细介绍。

（1）接着上一小节的模型继续制作，先选中二楼的木质造型部分，并创建成群组。双击进入群组，启用"直线"工具对照照片进行补线。完成之后，启用"推/拉"工具，推拉掉中间部分。旋转视角进行观察，删除多余的面及线段，效果如图 9-41 所示。

（2）使用"材质"工具，为其添加材质贴图，这里选择"素材 9-4 木质纹"贴图，并将其赋予面，单击鼠标右键，选择"纹理"＞"位置"选项，按住绿色图标并旋转贴图，然后单击鼠标右键，选择"完成"选项。调整贴图大小，单击"编辑"选项卡，将"宽度"改为"2000"，效果如图 9-42 所示。

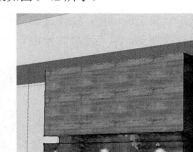

细节制作

图 9-41　制作凹槽　　　　　　　　　　　　图 9-42　添加材质

（3）在"材质"面板中将贴图的明度调低一些，再单击"材质"图标，按住 Alt 键吸取"木质纹"材质，单击将其赋予其他面，如图 9-43 所示。

（4）将材质赋予二楼的其他部分及副楼，效果如图 9-44 所示。

（5）制作一楼细节部分，先启用"选择"工具，双击木质造型部分进入群组。启用"材质"工具，赋予其"木质纹"材质，会发现一楼的木质纹理与二楼的木质纹理不统一。我们需要将两者放置在一个群组中，并重新为它们赋予材质。具体方法如下：将两者选中，单击鼠标右键，选择"分解"选项，再单击鼠标右键，选择"创建成群组"选项。之后双击进入群组，启用"材质"工具，按住 Alt 键吸取二楼的"木质纹"材质，并将其赋予一楼的面，效果如图 9-45 所示。

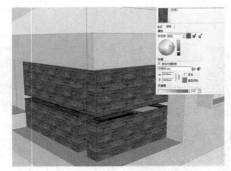

图 9-43　赋予材质

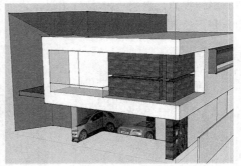

图 9-44　为二楼其他部分及副楼赋予材质

（6）完成后，发现木质纹面积有点小，需要调整。选择一个面，单击鼠标右键，选择"纹理"＞"位置"选项，按住绿色图标将贴图调大一些。单击鼠标右键，选择"完成"选项，再启用"材质"工具，吸取材质并将其赋予其他的面。完成之后，材质贴图效果如图 9-46 所示。

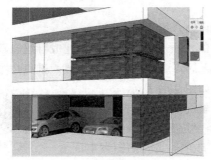

图 9-45　为一楼赋予"木质纹"材质

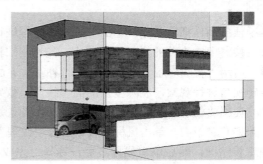

图 9-46　调整材质

（7）双击一楼左侧墙体，赋予其白色材质，再将白色材质赋予其他的面。整体材质赋予完成后，切换到顶视图，缩小画面，绘制一个大矩形，将该矩形推拉至建筑物底部，作为地面，如图 9-47 所示。

（8）制作二楼的推拉门，效果如图 9-48 所示。

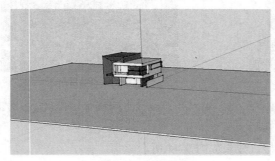

图 9-47　制作地面

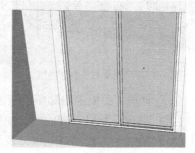

图 9-48　制作二楼的推拉门

（9）启用"材质"工具，为中间的面赋予玻璃材质，为边框赋予深色材质，效果如图 9-49 所示。

（10）完成之后，制作右侧的窗户，效果如图 9-50 所示。

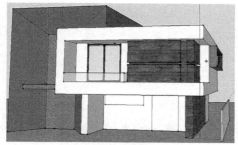

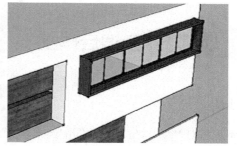

图 9-49　赋予推拉门材质　　　　　　　图 9-50　制作右侧窗户

（11）制作一楼的门和窗户，以及副楼的门和玻璃窗，效果如图 9-51 所示。

（12）至此，整个模型场景已根据素材照片制作完成，效果如图 9-52 和图 9-53 所示。

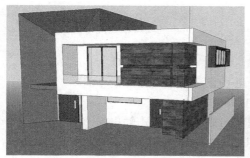

图 9-51　制作其他门和窗户　　　　　　图 9-52　最终效果图（1）

图 9-53　最终效果图（2）

【任务评价】

本任务完成情况由教师进行点评，评价标准如下表所示。

| 类别 | 评价标准 | 分数 | 获得分数 |
|---|---|---|---|
| 技术运用（40%） | 能够按照素材照片完成匹配建模 | 30 | |
| | 能够完成整体场景的设计制作 | 10 | |
| 制作效果（55%） | 整体制作效果好 | 20 | |
| | 所建模型能够精准匹配照片 | 10 | |
| | 细节表达清楚 | 15 | |
| | 材质贴图具有细节及质感，建筑物整体感强 | 10 | |
| 提交文档（5%） | 提交的图片视角合理且清晰 | 5 | |

## 9.4 项目小结及课后作业

**项目小结**

本项目对 SketchUp 的照片匹配建模功能进行了详细介绍。通过立方体照片匹配建模任务及建筑物照片匹配建模任务，读者能够灵活掌握此功能的使用方法。本项目的学习难度不大，但是希望读者在学习时能够根据制作步骤及微课内容完成整体场景的制作。

**课后作业**

**1. 单选题**

（1）视图的显示模式有几种（　　）。

A. 4　　　　　　　　B. 5　　　　　　　　C. 6　　　　　　　D. 7

（2）Sketch Up 当中导出 JPEG 图片的方法以下哪种说法是正确的（　　）。

A. 选择菜单栏中的文件，导出图形，选择 JPEG 格式

B. 选择菜单栏中的文件，导出二维图形，选择 JPEG 格式，单击输出

C. 选择菜单栏中的文件，导出图形，选择 JPEG 格式，单击输出

D. 选择菜单栏中的文件，导出二维图形，选择 JPEG 格式

**2. 多选题**

（1）Sketchup 中下面对缩放工具说法正确的是（　　）。

A. 可以将所选对象等比例缩放　　　　　　B. 可以只在 X 轴方向缩放对象

C. 不可以在某个坐标轴方向缩放对象　　　D. 缩放对象的快捷键是 S 键

（2）Sketchup 实体工具包括（　　）。

A. 修剪　　　　　　B. 去除　　　　　　C. 并集　　　　　D. 拆分

**3. 操作题**

根据图 9-54 所示的素材图片（"素材 9-5 建筑物图片"），完成建筑物照片匹配建模，完成后的效果如图 9-55 所示。

图 9-54　素材 9-5 建筑物图片　　　　　　　　图 9-55　完成效果图

# 项目 10

# LayOut 使用方法

**项目导航**

　　LayOut 是 SketchUp 的一个附属功能，它包含一系列工具，可以帮助用户创建对 SketchUp 模型的设计演示。本项目对如何使用 LayOut 进行详细讲解，之后通过一个任务来介绍如何使用 LayOut 进行设计演示。

**知识目标**

- 了解 LayOut 的相应功能。
- 熟悉使用 LayOut 进行设计演示的方法。

**技能目标**

- 掌握 LayOut 相应功能的使用方法。
- 熟练掌握使用 LayOut 进行设计演示的方法。

**素养目标**

- 本项目为选修内容，用于培养读者自主学习、动手实践的基本素养。

## 10.1 LayOut 概述

　　LayOut 的适用性强，在室内设计、建筑设计、板式家具设计、橱柜设计、家具设计、园林设计等行业都适用。该软件包含的功能如下：绘制施工图、进行 SketchUp 3D 演示、进行图文编辑排版、创建矢量图、创建 PPT 演示文稿、支持 PDF 文件的输出与打印、输出 DWG/DXF 文件、输出 JPG/PNG 文件等。

LayOut 介绍

　　另外，LayOut 可以帮助设计者准备文档集，传达其设计理念。使用简单的布局工具，设计者即可放置、排列、命名和标注 SketchUp 模型、草图、照片及其他的绘图元素。

使用 LayOut，设计者可创建演示看板、小型手册和幻灯片。

## 10.2 基础操作

### 10.2.1 版面建立及界面概述

单击"LayOut"图标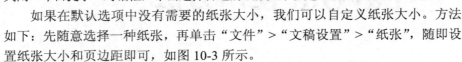，进入图 10-1 所示的软件界面。接下来就需要建立版面，关闭"今日提示"对话框，单击选择合适的纸张大小以建立版面，如图 10-2 所示。

如果在默认选项中没有需要的纸张大小，我们可以自定义纸张大小。方法如下：先随意选择一种纸张，再单击"文件">"文稿设置">"纸张"，随即设置纸张大小和页边距即可，如图 10-3 所示。

LayOut 界面中包括菜单栏、工具栏、窗口标签、命令栏提示、数据输入栏、工具面板，如图 10-4 所示。

基础操作

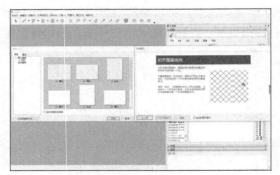

图 10-1 软件界面

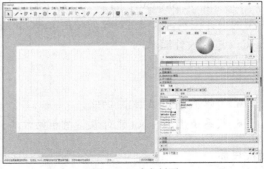

图 10-2 建立版面

图 10-3 自定义纸张大小

图 10-4 界面介绍

### 10.2.2 工具的使用

LayOut 的"页面"工具栏中主要包括"选择""直线""圆弧""矩形""圆""多边形""文本""标签""尺寸标注""删除""样式""分割""组合"和"开始演示"工具等，以及"页面"

工具组，如图 10-5 所示。下面对部分工具进行详细介绍。

**1.“选择”工具**

在使用其他工具或命令时，使用“选择”工具，可以选择要修改的图元。具体功能包括选择图元、移动图元、旋转图元、按比例调整图元大小、复制图元、矩阵图元。

**2.“直线”工具**

“直线”工具与 Photoshop 中的“钢笔”工具类似，具有锚点，不仅可以画直线段，也可以画各种曲线。图 10-6 所示为用“直线”工具绘制的各种直线段、曲线、封闭图形。

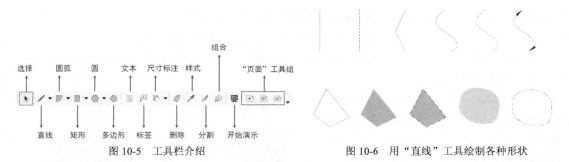

图 10-5 工具栏介绍　　　　　　图 10-6 用“直线”工具绘制各种形状

**3.“圆弧”“矩形”“圆”和“多边形”工具**

和“直线”工具一样，这些工具可以绘制多种样式的图形。单击“圆弧”工具后的效果如图 10-7 所示。其中的“扇形”工具还可以用来快速绘制饼图，以便做一些面积分析图。

**4.“样式”工具**

此工具可以吸取图形的样式，包括描边、填充等，并将吸取的样式赋予指定的图形，图 10-8 所示为使用“样式”工具，吸取图形 2 的样式，之后将样式赋予图形 1 的效果。

图 10-7 “扇形”工具

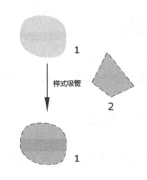

图 10-8 “样式”工具的使用效果

**5.“分割”工具、“组合”工具**

“分割”工具可以对图形进行拆分，具体使用方法如下。

（1）单击“分割”工具，在图形的边线上单击某点，以拆分在该点相交的所有直线段，如图 10-9 所示。

（2）在图形另一条边线上单击，以拆分在该点相交的所有直线段，此时图形中间会出现一条分割线，如图 10-10 所示。

（3）使用“移动”工具将图形移开，可以看到分割后的效果，如图 10-11 所示。

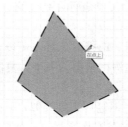

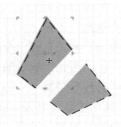

图 10-9　单击边线　　　　图 10-10　单击另一条边线　　　图 10-11　分割后的效果

"组合"工具可以将分割后的图形组合起来，具体使用方法如下。

（1）单击"组合"工具，单击需要组合的第一条边线，如图 10-12 所示。

（2）单击需要组合的第二条边线，此时图形已经组合起来了，组合后的效果如图 10-13 所示。

**6．"开始演示"工具**

"开始演示"工具和 Microsoft PowerPoint 中的演示功能相似，单击"开始演示"工具后，整个画布将全屏显示。使用时按住鼠标左键进行拖动可以绘制出红色线条，用来做标记。单击鼠标左键及鼠标右键可以进行翻页操作。

图 10-12　单击需要组合的　　图 10-13　组合后的效果
　　　　　第一条边线

**7．"页面"工具组**

"页面"工具组中的"添加"工具 用来新建页面，而"上一个"工具 及"下一个"工具 用来进行翻页操作。

---

## 10.3　工具面板

LayOut 的工具面板中包括"颜色"面板、"模型"面板、"剪贴簿"面板。

### 10.3.1　"颜色"面板

LayOut 的"颜色"面板中包含"吸管"工具、当前颜色区、颜色模式区、颜色调节区、自定义色板，如图 10-14 所示。

"吸管"工具：可以用来吸取屏幕上的颜色作为当前颜色。

当前颜色区：显示当前所使用的颜色。

颜色模式区：用来选择所需的颜色模式，颜色模式包括"滚轮""RGB""HSB""灰度""图片""列表"。

工具面板

颜色调节区：可以设置色相、饱和度、透明度等参数。

自定义色板：可以将自己设置好的颜色添加到自定义色板，方便重复使用该颜色。具体使用方法为将当前颜色拖动至自定义色板的方块中即可。

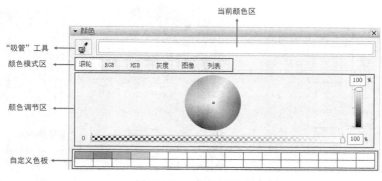

图 10-14　"颜色"面板

## 10.3.2　"模型"面板

LayOut 的"模型"面板是 LayOut 特有的一个功能，是其他平面排版软件所没有的功能。此功能可以直接将 SketchUp 模型导入 LayOut，实时调节模型视角并进行排版。

"模型"面板的具体使用方法如下。

（1）打开 LayOut，将鞋柜模型拖放至 LayOut 中，如图 10-15 所示。

（2）双击模型，即可对鞋柜模型进行转动，如图 10-16 所示。

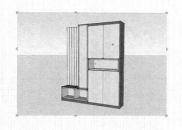

图 10-15　导入鞋柜模型

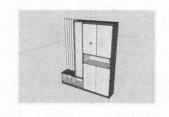

图 10-16　转动模型

（3）在"SketchUp 模型"面板中，可以在"场景"下拉列表中选择相应的场景，再在"标准视图"下拉列表中选择对应的视图。这里我们在"标准视图"下拉列表中选择"右视图"选项，效果如图 10-17 所示。

LayOut 还具有一个特别的功能，可以对模型进行引用更新，让我们在对模型进行修改后，不用再去替换排版界面内的模型，具体使用方法如下。

（1）在 LayOut 中导入鞋柜模型，模型效果如图 10-18 所示。接下来在 SketchUp 中对鞋柜模型的材质进行调整，图 10-19 所示为调整后的模型效果。

（2）调整完成后，在 SketchUp 中对其进行保存。然后切换至 LayOut，启用"选择"工具，选择鞋柜，单击鼠标右键，选择"更新模型参考"选项，鞋柜模型的材质就发生了对应变化，如图 10-20 所示。

（3）如果需要修改多个引用模型，则单击"文件">"文稿设置">"引用"，选择需要修改的素材文件，然后单击"更新"按钮，那么所有的地方都会进行相应修改。

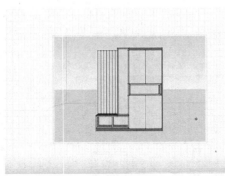

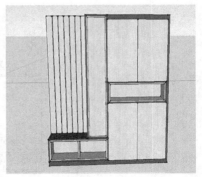

图 10-17　选择视图

图 10-18　鞋柜调整前的效果

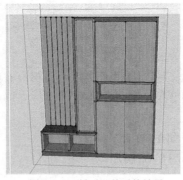

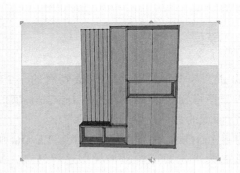

图 10-19　材质调整后的效果

图 10-20　更新 LayOut 中的模型

### 10.3.3　"剪贴簿"面板

LayOut 的"剪贴簿"面板是 LayOut 的矢量素材库，包括二维和三维两种素材。"剪贴簿"面板中的素材可以随意调整角度和大小，也可以让用户自定义调整，一般用来制作排版界面中的分析图。图 10-21 所示为"剪贴簿"面板。

图 10-21　"剪贴簿"面板

### 10.3.4　任务：在 LayOut 中对室内效果图进行排版

**【任务描述】**

本任务需要读者保存室内设计项目中的 4 张图片，再按照任务实施中的步骤学习使用剪切蒙版进行排版的方法。

**【任务实施】**

下面对其操作方法进行详细描述。

（1）打开 LayOut，启用"矩形"工具，绘制一个矩形，如图 10-22 所示。

（2）在左侧绘制一个大矩形，用来放置最大的图片，如图 10-23 所示。

（3）在右侧绘制 3 个小矩形，如图 10-24 所示。

在 LayOut 中对室内效果图进行排版

图 10-22　绘制矩形

图 10-23　绘制左侧大矩形

图 10-24　绘制 3 个小矩形

（4）将自己保存的 4 张图片导入 LayOut 中，如图 10-25 所示。

（5）对图片及矩形进行"剪切蒙版"操作。先启用"选择"工具，选中左侧第一张图片，按住 Shift 键加选左侧大矩形，然后单击鼠标右键，选择"创建剪切蒙版"选项，如图 10-26 所示。

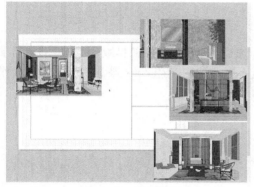

图 10-25　导入图片

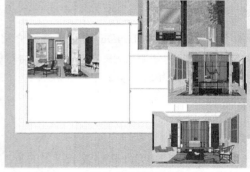

图 10-26　选择"创建剪切蒙版"选项

（6）双击图片，进入"剪切蒙版"的编辑模式。选择图片，对其进行缩放，让图片大小超过矩形大小，并将图片移动至合适位置，然后在图片外面双击，退出"剪切蒙版"的编辑模式，效果如图 10-27 所示。

（7）使用相同的方法对右边 3 张图片进行"剪切蒙版"操作，完成后效果如图 10-28 所示。

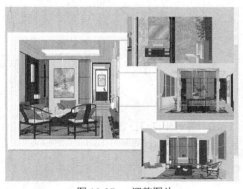

图 10-27　调整图片

图 10-28　完成后的效果

【任务评价】

本任务完成情况由教师进行点评，评价标准如下表所示。

| 类别 | 评价标准 | 分数 | 获得分数 |
|---|---|---|---|
| 技术运用（40%） | 能够按照任务实施中的步骤完成图片的排版 | 30 | |
| | 能够灵活运用"剪切蒙版"功能 | 10 | |
| 制作效果（55%） | 整体制作效果好 | 20 | |
| | 所选图片合理且排版比例合适 | 20 | |
| | 细节表达清楚 | 15 | |
| 提交文档（5%） | 提交的图片清晰 | 5 | |

## 10.4 项目小结及课后作业

**项目小结**

　　本项目对如何使用 LayOut 进行了详细介绍。通过对室内效果图的排版，读者能够灵活掌握"剪切蒙版"功能的使用方法。本项目的学习难度不大，但是希望读者在学习时能够根据操作步骤及微课内容完成相应任务。

**课后作业**

　　**1．单选题**

　　（1）下面关于 LayOut 软件说法错误的是（　　）。

　　A．LayOut 可以帮助设计者准备文档集，传达其设计理念

　　B．LayOut 是 SketchUp 的一项附属功能

　　C．LayOut 是一款三维制作软件

　　D．LayOut 包含一系列工具，可以帮助用户创建包含 SketchUp 模型的设计演示

　　（2）LayOut 软件中，下面关于版面建立方法说法错误的是（　　）。

　　A．如果在默认选项中，没有所需要的纸张大小，我们可以自定义页面大小

　　B．选择"文件"＞"文稿设置"＞"纸张"，可以进行纸张设置

　　C．可以设置页边距

　　D．默认纸张大小为 A4

　　**2．多选题**

　　（1）LayOut 软件包含的功能包括（　　）。

　　A．绘制施工图　　　　　　　　　　　　　B．SketchUp3D 演示

　　C．图文编辑排版　　　　　　　　　　　　D．创建矢量图

　　（2）LayOut 软件工具栏中的工具主要包括（　　）。

　　A．选择工具　　　　B．直线工具　　　　C．圆弧工具　　　　D．文本工具

　　**3．操作题**

　　（1）根据任务 1 所示方法，对项目 6 效果图进行 LayOut 排版。

　　（2）根据任务 1 所示方法，对项目 7 效果图进行 LayOut 排版。